MSP430 单片机
应用技能实训

郭惠婷 程 莉 廖银萍 肖明耀 编著

U0246573

中国电力出版社

CHINA ELECTRIC POWER PRESS

内 容 提 要

本书遵循"以能力培养为核心,以技能训练为主线,以理论知识为支撑"的编写思想,采用基于工作过程的任务驱动教学模式,以 MSP430 单片机的 19 个任务实训课题为载体,使读者掌握 MSP430 单片机的工作原理,学会 C 语言程序设计、IAR 编程软件及其操作方法,从而提高 MSP430 单片机工程应用技能。

本书由浅入深、通俗易懂、注重应用,便于创客学习和进行技能训练,可作为大中专院校机电类专业学生的理论学习与实训教材,也可作为技能培训教材,还可供相关工程技术人员参考。

图书在版编目(CIP)数据

创客训练营 MSP430 单片机应用技能实训/郭惠婷等编著. —北京:中国电力出版社,2019.1

ISBN 978 - 7 - 5198 - 2484 - 6

Ⅰ. ①创… Ⅱ. ①郭… Ⅲ. ①单片微型计算机-程序设计 Ⅳ. ①TP368.1

中国版本图书馆 CIP 数据核字(2018)第 223904 号

出版发行:中国电力出版社

地　　址:北京市东城区北京站西街 19 号(邮政编码 100005)

网　　址:http://www.cepp.sgcc.com.cn

责任编辑:杨　扬(y-y@sgcc.com.cn)

责任校对:黄　蓓　常燕昆

装帧设计:王英磊　左　铭

责任印制:杨晓东

印　　刷:北京天宇星印刷厂

版　　次:2019 年 1 月第一版

印　　次:2019 年 1 月北京第一次印刷

开　　本:787 毫米×1092 毫米　16 开本

印　　张:13.5

字　　数:356 千字

印　　数:0001—2000 册

定　　价:49.00 元(含 1DVD)

前　　言

　　"创客训练营"丛书是为了支持大众创业、万众创新，为创客实现创新提供技术支持的应用技能训练丛书，本书是"创客训练营"丛书之一。

　　单片机已经广泛应用于我们的生活和生产领域，目前已经很难找到哪个领域是没有单片机的应用的，飞机各种仪表控制、计算机网络通信、控制数据传输、工控过程的数据采集与处理，各种IC智能卡、电视、洗衣机、空调、汽车控制、电子玩具、医疗电子设备、智能仪表均使用了单片机。

　　单片机是从事工业自动化、机电一体化的技术人员应掌握的实用技术之一。本书遵循"以能力培养为核心，以技能训练为主线，以理论知识为支撑"的编写思想，采用以工作任务驱动为导向的项目训练模式，以MSP430单片机的19个任务为载体，介绍工作任务所需的单片机基础知识和完成任务的方法，淡化理论、强化应用方法和技能的培养，通过完成工作任务的实际技能训练提高单片机综合应用技巧和技能。

　　全书分为认识MSP430单片机、学用C语言编程、单片机的输入/输出控制、突发事件的处理——中断、定时器及应用、单片机的串行通信、应用LCD模块、应用串行总线接口、模拟量处理、电动机的控制、模块化编程训练等11个项目，每个项目设有一个或多个训练任务，通过任务驱动技能训练，可使读者快速掌握MSP430单片机的基础知识，增强C语言编程技能、单片机程序设计方法与技巧。项目后面设有习题，可用于技能提高训练，全面提高读者的MSP430单片机综合应用能力。

　　本书由郭惠婷、程莉、廖银萍、肖明耀编著。

　　由于编写时间仓促，加上作者水平有限，书中难免存在错误和不妥之处，恳请广大读者批评指正。

编　　者

目　　录

项目一 认识MSP430单片机

学习目标

（1）了解 MSP430 单片机的基本结构。
（2）了解 MSP430 单片机的选型。
（3）学会使用 MSP430 单片机开发工具。

任务1 认识 MSP430 系列单片机

基础知识

一、单片机

1. 单片机简介

将运算器、控制器、存储器、内部和外部总线系统、输入/输出 I/O 接口电路等集成在一片芯片上组成的电子器件，即单芯片微型计算机，也就是通常说的单片机。单片机的体积小、重量轻、价格便宜，为学习、应用和开发微型控制系统提供了便利。

单片机是由单板机发展过来的，将 CPU 芯片、存储器芯片、I/O 接口芯片和简单的 I/O 设备（小键盘、LED 显示器）等组装在一块印制电路板上，再配上监控程序，就构成了一台单板微型计算机系统（简称单板机）。随着技术的发展，人们设想将计算机 CPU 和大量的外围设备集成在一个芯片上，使微型计算机系统更小，能应用在对体积要求严格的控制设备中，且更能适应复杂的工作，由此产生了单片机。

INTEL 公司按照这样的理念开发设计出具有运算器、控制器、存储器、内部和外部总线系统、I/O 接口电路的单片机，其中最典型的是 INTEL 的 8051 系列。

2. 单片机的发展趋势

随着大规模集成电路及超大规模集成电路的发展，单片机将向着更深层次发展。

（1）高集成度。一片单片机内部集成的 ROM/RAM 容量增大，增加了电闪存储器，具有掉电保护功能，并且集成了 A/D、D/A 转换器、定时器/计数器、系统故障监测和 DMA 电路等。

（2）高性能。这是单片机发展所追求的一个目标，更高的性能将会使单片机应用系统设计变得更加简单、可靠。

（3）低功耗。这将是未来单片机发展所追求的一个目标，随着单片机集成度的不断提高，由单片机构成的系统体积越来越小，低功耗将是设计单片机产品时首先考虑的指标。

3. 引脚多功能化

随着芯片内部功能的增强和资源的丰富，一脚多用的设计方案日益显示出其重要地位。引脚多功能化随着芯片内部功能的增强和资源的丰富，一脚多用的设计方案日益显示出其重要地位。

二、MSP430 系列单片机

1. 概述

MSP430 系列单片机是 TI 公司 1996 年开始推出的一种超低功耗 16 位混合处理型的单片机，它凭借自身优良的性能，具有方便灵活的开发方式、丰富的技术资料，在全球被快速地推广应用。MSP430 系列单片机为针对实际应用需求，将多个不同功能的模拟电路、数字电路模块和微处理器集成在一个芯片上，提供"单片机"解决方案。它内部集成的 Flash 是存储器产品中能耗最低的一种，功耗为其他 Flash 单片机的 1/5。MSP430 是一种基于精简指令集的 16 位混合信号处理器，专为满足超低功耗需要而精心设计，其高度灵活的定时系统、多种低功耗模式、即时唤醒以及智能化自主型外设，不仅可实现真正的超低功耗优化，同时还能大幅延长电池寿命。

由于 MSP430 的性价比和集成度高，它采用 16 位的总线，外设和内存统一编址，寻址范围可达 64K，还可以外扩展存储器，具有统一的中断管理，具有丰富的片上外围模块，片内有精密硬件乘法器、2 个 16 位定时器、1 个 14 路的 12 位的模数转换器、1 个看门狗、6 路 I/O 口、2 路 USART 通信端口、1 个比较器、1 个 DCO 内部电压控制振荡器和 2 个外部时钟，支持 8M 的时钟。由于为 FLASH 型，故可以在线对单片机进行调试和下载，且 JTAG 口直接和 FET（FLASH EMULATION TOOL）的相连，不须另外的仿真工具，方便实用，而且，可以在超低功耗模式下工作，对环境和人体的辐射小，可靠性高，抗干扰强，适应工业级的运行环境，适合自动控制的设备。

MSP430 单片机可采用汇编语言或 C 语言进行程序设计，可以使用 IAR Embedded Workbench 嵌入式工作台进行程序调试。

MSP430 在工业控制、仪器仪表、家用电器、计算机网络通信、医疗设备、汽车设备等领域中得到了非常广泛的应用，在现代嵌入式开发中占有重要的地位，该系列单片机多应用于需要电池供电的便携式仪器仪表中。

MSP430 有通用型、特殊的医疗型、嵌入电量计量的电子仪表型等多品种混合处理器，适合工业控制、汽车、通用医疗、远程生活水表、气表、电能表等领域的应用。

MSP430 在未来智慧农业、林业生产的各种仪器，大气、水污染检测，智能可穿戴设备、智能个人移动医疗产品可能会有更多的应用。

2. MSP430 的结构

MSP430 由 16 位 RISC 精简指令 CPU、时钟系统、低功耗 FLASH、RAM、模拟外设、数字外设、看门狗等电路组成，如图 1-1 所示。

MSP430 系列单片机是 16 位的单片机，采用了精简指令集（RISC）结构，处理能力强，可提供 16 个高度灵活、可完全寻址的单周期操作 16 位 CPU 寄存器以及 RISC 性能，有 27 条内核指令及 7 种统一寻址模式，从而可实现更高的处理效率与代码密度。这样的 16 位低功耗 CPU 相对于其他 8 位/16 位微处理器而言，能够更高效地进行运算处理、体积更小而且代码率更高，从而能够以极少的代码量，开发出超低功耗的新型高性能应用。

MSP430 的内核 CPU 结构是按照精简指令集的宗旨来设计的，具有丰富的寄存器资源、强大的处理控制能力和灵活的操作方式。存储结构采用了统一编址方式，可以使得对外转模块寄存器的操作像普通的 RAM 单元一样方便、灵活。MSP430 存储器的信息类型丰富，并具有很强的系统外转模块扩展能力。

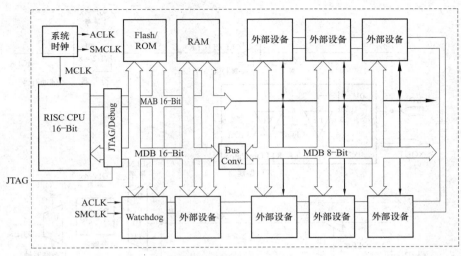

图 1-1　MSP430 的结构

3．MSP430 存储器的结构和地址空间

MSP430 单片机存储器采用统一编址结构，ROM/FIash、RAM、外围模块、特殊功能寄存器等被安排在同一地址空间，这样可使用同一组地址总线和数据总线，用相同的指令进行访问。不同系列的器件中，存储空间分布有相似之处。通常存储器分配如图 1-2 所示。中断向量被安排在相同的空间，8 位、16 位外围模块占用相同的范围的存储器地址，数据存储器都是从 0200H 处开始，程序存储器的最高地址都是 OFFFFH。MSP430 单片机型号不同，存储空间分布会存在一些差异，具体使用可参考器件手册。

4．运算速度快

MSP430 系列单片机在 25MHz 晶体的驱动下，有 40ns 的指令周期。16 位的数据宽度、40ns 的指令周期以及多功能的硬件乘法器（能实现乘加运算）相配合，能实现数字信号处理的某些算法，运算速度快。

5．超低功耗

MSP430 为超低功耗应用进行了精心设计，高度灵活的时钟系统、多种操作模式以及零功耗欠压复位（BOR）等，不仅可大幅降低功耗，同时还能显著延长电池使用寿命。

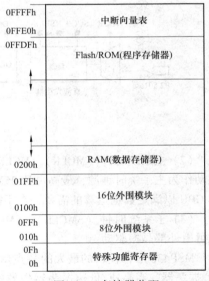

图 1-2　存储器分配

MSP430 的 CPU 时钟系统专为电池供电的应用而精心设计，由高速时钟、低速时钟、数字控制振荡器 DCO 锁相环等器件构成，如图 1-3 所示。因为功耗与频率成正比，这些时钟模块可以输出 3 种不同频率的时钟送给不同需求的模块。多个振荡器可用于支持事件驱动的突发任务。

（1）低频辅助时钟（ACLK）。ACLK 可通过通用的 32kHz 时钟晶振或内部超低功耗振荡器（VLO）直接驱动，无需采用额外的外部组件。ACLK 可用作后台实时时钟自唤醒功能。

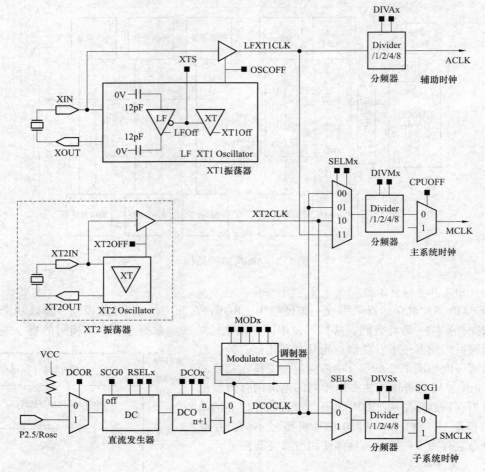

图 1-3　时钟系统

（2）主系统时钟（MCLK）。MCLK 作为 CPU 信号源，可由集成的高速数控振荡器（DCO）驱动作为主系统时钟源，最高可达 25MHz。此外也可以用高速晶体产生的频率较高的 MCLK 供给 CPU 以满足数据运算的需要，在不需要 CPU 工作的时候关闭 MCLK。

（3）子系统时钟（SMCLK）。SMCLK 用于各个较快速外设模块的信号，可由 DCO 驱动，也可由外部晶振驱动。

MSP430 时钟模块的最大的特点就是可控制的 DCO 振荡器，其实质是一个可数字控制的 RC 振荡器，当高速/低速振荡器失效的时候，DCO 振荡器会自动被选为主时钟 MCLK 的时钟源。由于 DCO 振荡器被自动用于 MCLK，因此由振荡器失效引起的 NMI 非屏蔽中断请求可以得到响应，甚至在 CPU 关闭的情况下也能得到处理。这样 MSP430 可让任意被允许的中断请求在低功耗模式下得到服务，提高了 MSP430 的低功耗特性。

零功耗欠压复位（BOR）机制能够在所有操作模式下始终保持启用和工作的状态。这不仅能确保实现最可靠的性能，同时还可保持超低功耗。BOR 电路可对电源欠压情况进行检测，并在启用或移除电源时对器件进行复位。对于电池供电的应用，这显得尤为重要。

6. 片内外设

MSP430 具有高集成度，而且提供了各种高性能的模拟及数字外设。其外设专为确保强大的功能而精心设计，且以业界最低功耗提供系统中断、复位和总线仲裁，许多外设都可以执行自主性操作，因而最大限度地减少了 CPU 处于工作模式的时间。

外设包括 10 位模数转换器（ADC10）或 12 位模数转换器（ADC12）、比较器 A、直接存储器存取（DMA）、硬件乘法器（MPY）、通用运算放大器（OA）、定时器、实时（RTC）、脉宽调制输出（PMM）、可编程状态机 SCAN IF 模块、欠压复位（BOR）、USB 模块、通用串行总线 SPI、I²C 总线、UART 串行通信接口等。

7. MSP430 系列单片机选型

（1）MSP430F1x：MSP430 单片机较早产品，体积小、性价比高、使用灵活、品种最多。

（2）MSP430F2x：MSP430Flx 系列的精简升级版，价格低、小型、灵活，是业界功耗最低的单片机。

（3）MSP430F4x：包含片内段式 LCD 驱动模块，为流量和电量计量提供单芯片解决方案。

（4）MSP430F5x：新款基于闪存的产品系列，具有更强的存储功能、集成功能和前所未有的低功耗。

（5）特殊功能中有专门用于电量计量的 MSP430FE42x，用于水表、气表、热表等具有无磁传感模块的 MSP430FW42x，以及用于人体医学监护（血糖、血压、脉搏）的 MSP430FG42x 单片机。用这些单片机来设计专用产品，不仅具有 MSP430 的超低功耗特性，还能大大简化系统设计。

用户在单片机选型上，主要考虑系统功耗资源要求，单片机功能要求（考虑引脚、体积）和系统存储器容量要求。

三、单片机产品开发

1. 单片机开发流程

（1）项目评估。根据用户需求，确定待开发产品的功能、所实现的指标、成本，进行可行性分析，然后出初步技术开发方案，再出预算，包括可能的开发成本、样机成本、开发耗时、样机制造耗时、利润空间等，然后根据开发项目的性质和细节评估风险，以决定项目是否可做。

（2）总体设计。

1）机型选择。选择 8 位、16 位还是 32 位。

2）外型设计、功耗、使用环境等。

3）软、硬件任务划分，方案确定。

（3）项目实施。

1）设计电原理图。根据功能确定显示（液晶还是数码管）、存储（空间大小）、定时器、中断、通信（RS-232C、RS-485、USB）、打印、A/D、D/A 及其他 I/O 操作。要考虑好单片机的资源分配和将来的软件框架、制定好各种通信协议，尽量避免出现当板子做好后，即使把软件优化到极限仍不能满足项目要求的情况，还要计算各元件的参数、各芯片间的时序配合，有时候还需要考虑外壳结构、元件供货、生产成本等因素，还可能需要做必要的试验，以验证一些具体的实现方法。设计中每一步骤出现的失误都会在下一步引起连锁反应，所以对一些没有把握的技术难点，应尽量去核实。

2）设计印制电路板（PCB）图。完成电原理图设计后，根据技术方案的需要设计 PCB 图，这一步需要考虑机械结构、装配过程、外壳尺寸细节、所有要用到的元器件的精确三维尺寸、不同制版厂的加工精度、散热、电磁兼容性等，修改、完善其电原理图、PCB 图。

3）把 PCB 图发往制版厂做板。将加工要求尽可能详细的写下来，与 PCB 图文件一起发电子邮件给 PCB 生产工厂，并保持沟通，及时解决加工中出现的一些相关问题。

4）采购开发系统和元件。

5）装配样机。PCB 板拿到后开始样机装配，设计中的错漏会在装配过程开始显现，尽量去补救。

6）软件设计与仿真。根据项目需求建立数学模型，确定算法及数据结构，进行资源分配及结构设计，绘制流程图，设计、编制各子程序模块，仿真、调试、固化程序。

7）样机调试。样机初步装好就可以开始硬件调试，硬件初步检测完，就可以开始软件调试。在样机调试中，逐步完善硬件和软件设计。

进行软硬件测试的同时还要进行老化实验、高、低温试验，振动试验。

8）整理数据。将样机研发过程中得到的重要数据记录保存下来，电原理图里的元件参数、PCB 元件库里的模型，还要记录设计上的失误、分析失误的原因、采用的补救方案等。

9）产品定型，编写设备文档。编制使用说明书，技术文件。制定生产工艺流程，形成工艺，进入小批量生产。

2. 单片机应用

单片机已经广泛应用于我们的生活和生产领域，目前难于找到哪个领域没有单片机的应用，各种仪表控制、计算机网络通信、控制数据传输、工控过程的数据采集与处理，各种 IC 智能卡、电视、洗衣机、空调、汽车控制、电子玩具、医疗电子设备、智能仪表均使用了单片机。

四、MSP430 开发板简介

1. MSP430 F149 开发板

MSP430 F149 开发板采用独立模块设计思想，综合考虑，精心布局，板载有 USB 下载器模块，LED 发光二极管显示，按键，继电器，蜂鸣器，实时钟，DA，AD，485 通信模块，串口通信，步进电机，直流电机，数码管显示模块，四种无线模块接口，1602/12864 液晶接口、彩屏扩展接口等，是一套非常完美的实验板、开发板，具有扩展性好，功能全面，资源丰富等优点，设计思路清晰，一根 USB 线就能下载和学习。MSP430 F149 开发板如图 1-4 所示。

2. 简易 MSP430 开发板

简易 MSP430 开发板如图 1-5 所示。

（1）USB 接口，支持 USB 供电、USB 下载、USB 通信（和 PC 机通信）外接供电，跑马灯。

（2）可以通过 USB 接口和 PC 机做串口通信实验。

（3）有 8 个 LED 流水灯，方便程序的调试。

（4）引脚由双排排针引出，并有引脚标注，2.54mm 标准间距，扩展方便。

（5）带有 NRF905 无线模块接口，可做无线数传实验。

（6）板上留有标准 14 针 JTAG 仿真调试接口和复位按键。

（7）板上预留三路 3.3V 和 5V 的取电接口，方便为外围设备供电。

3. 与简易 MSP430 配套的负载板

（1）MGMC-V2.0 单片机开发板。

通常应用 MGMC-V2.0 单片机开发板作 MSP430 开发板最小系统的外围接口，可以充分利用它的外部资源，验证 MSP430 程序运行的实验结果。MGMC-V2.0 单片机开发板如图 1-6 所示。

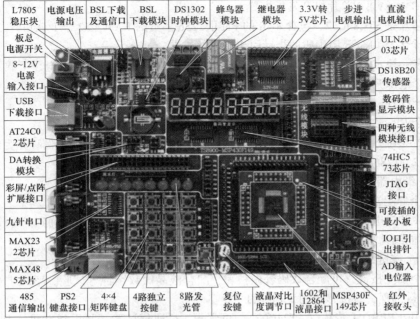

图 1-4　MSP430 F149 开发板

图 1-5　简易 MSP430 开发板

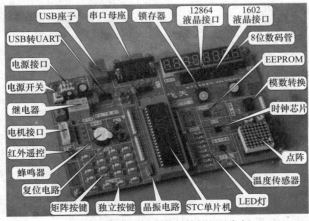

图 1-6　MGMC-V2.0 单片机开发板

（2）MGMC-V2.0单片机开发板配置。

1）主芯片是STC89C52，包含8KB的Flash，256字节的RAM，32个I/O口。

2）32个I/O口全部用优质的排针引出，方便扩展。

3）板载一块STC官方推荐的USB转串口IC（CH340T），实现一线供电、下载、通信。

4）一个电源开关、电源指示灯，电源也用排针引出，方便扩展。

5）8个LED，方便做流水灯、跑马灯等试验。

6）一个RS-232接口，可以下载、调试程序，也能与上位机通信。

7）8位共阴极数码，以便做静、动态数码管实验，其中数码管的消隐例程尤为经典。

8）1602、12864液晶接口各一个。

9）1个继电器，方便以小控制大。

10）1个蜂鸣器，实现简单的音乐播放、SOS等实验。

11）1个步进电机接口，可以做步进、直流电机实验，其中步进电机精确到了小数点后3位。附带万能红外接收头，配合遥控器可做红外编码解码实验。

12）16个按键组成了矩阵按键，可学习矩阵按键的使用。

13）4个独立按键，可配合数码管做秒表、配合液晶做数字钟等试验。率先讲述基于状态机的按键消抖例程，直接移植到工程项目中。

14）一块EEPROM芯片（AT24C02），可学习I^2C通信试验。利用指针可实现一个函数，多次读写。

15）A/D、D/A芯片（PCF8591），可用于掌握A/D、D/A的转换原理，同时引出了4路模拟输入接口，1路模拟输出接口，方便扩展。

16）1块时钟芯片（PCF8563），可以做时钟试验，具有可编程输出PWM的功能。不仅是时钟，还是万年历，更是PWM生产器。

17）集成温度传感器芯片（LM75A），配合数码管做温度采集实验。结合上位机还可做更多的实验。

18）LED点阵（8×8），在学习点阵显示原理的同时还可以掌握74HC595的用法及其移屏算法。

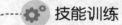 技能训练

一、训练目标

（1）认识MSP430单片机。

（2）了解MSP430单片机开发板的使用。

（3）了解MGMC-V2.0单片机开发板的使用。

二、训练内容与步骤

1. 认识MSP430单片机

（1）查看MSP430单片机的数据手册。

（2）查看64引脚封装的MSP430单片机，查看引脚功能，查看48个GPIO。

2. 使用MSP430单片机开发板

（1）查看MSP430单片机开发板，了解MSP430单片机开发板的构成。

（2）查看48个GPIO端口位置。

（3）查看CPU芯片，查看芯片连接的晶体振荡器频率。

（4）将电脑的 USB 与开发板的 USB 接口对接，观察板上 LED 的状态。

3. 使用 MGMC-V2.0 单片机开发板

（1）查看 MGMC-V2.0 单片机开发板，了解 MGMC-V2.0 单片机开发板的构成。

（2）将 USB 下载线的方口与开发板的 USB 接口对接。

（3）打开单片机电源开关，此时就可看到开发板上的 LED、数码管等开始运行。

（4）经过上面的开机测试，则表明 MGMC-V2.0 单片机开发板在正常工作。

任务2　学习 MSP430 单片机开发工具

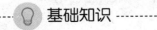 基础知识

一、安装 MSP430 单片机开发软件

（1）安装 IAR。

1）解压 IAR. rar 得到 EWMSP430-530-Autorun. exe 和 licence 生成管理文件。

2）双击 EWMSP430-530-Autorun. exe 进行安装。

3）通过 licence 生成管理文件，注册 licence。

（2）安装 MSP430 BSL 下载软件。

（3）安装 CH340 的 USB 驱动软件。

二、创建测试工程

1. 工程准备

在实验项目的目录下，新建一个文件夹，取名为 TEST（名字可以随便，但最好不要有中文字符）。

2. 使用 IAR 软件

（1）双击桌面上的 IAR 图标，启动 IAR 开发软件，启动后的 IAR 软件界面如图 1-7 所示。

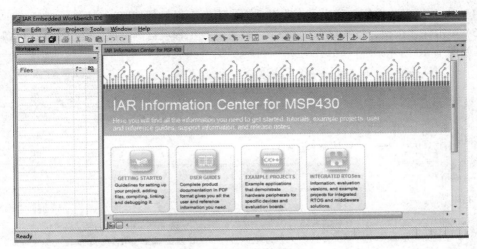

图 1-7　IAR 软件界面

（2）单击"File"文件菜单下"New Workspace"子菜单，创建工程管理空间，如图1-8所示。

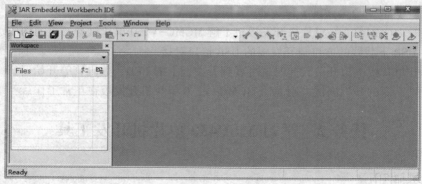

图1-8 工程管理空间

（3）再单击"Project"文件下的"Create New Project"子菜单，出现如图1-9所示的创建新工程对话框。在工程模板"Project templates"中选择第4项C，单击C左边的"+"号，展开C，创建一个C语言项目工程。

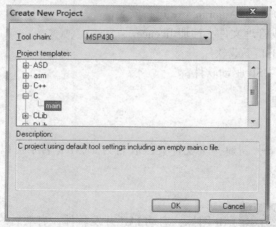

图1-9 创建新工程对话框

（4）单击"OK"按钮，弹出另存为对话框，为新工程起名TEST。

（5）单击保存按钮，将其保存在TEST文件夹。在工程项目浏览区，会出现TEST_Debug新工程，如图1-10所示。

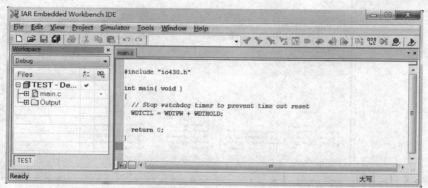

图1-10 TEST_Debug新工程

（6）输入 LED 闪烁程序

```c
#include "io430.h"
void Delay (unsigned int time)    //延时函数定义
{
     while(time--)
  }
void main(void)
{
    WDTCTL=WDTPW+WDTHOLD;         //关闭看门狗

    P2DIR=0xff;                   //设置 P2 口方向为输出
    P2OUT=0xff;                   //关闭 LED
    while(1)                      /*while 循环语句*/
    {                             /*执行语句*/
     P2OUT=0xfe;                  //设置 P2.0 输出低电平,点亮 LED0
        Delay(50000);             //延时
        P2OUT=0xff;               //设置 P2.0 输出高电平,熄灭 LED0
     Delay(50000);                //延时
    }

}
```

（7）设置工程选项（Options）。

1）右键单击 TEST_Debug，在弹出的快捷菜单中，选择 Options 进行工程文件设置，如图
1-11所示。

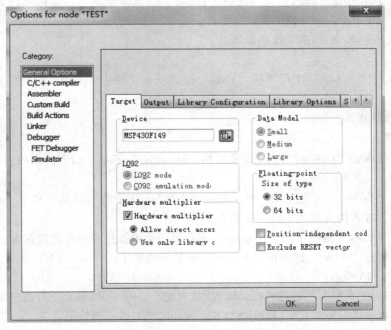

图 1-11 工程文件设置界面

2）首先在"General Option"中的"Target"目标选择目标板，选择要编译的 CPU 类型，选择开发板使用的 MSP430F149，如图 1-12 所示。

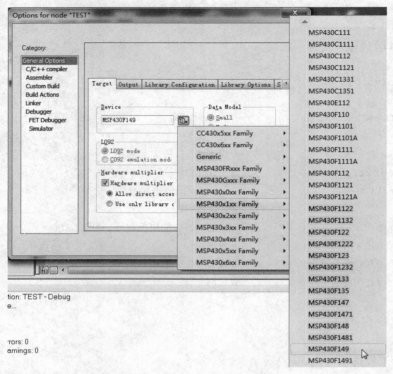

图 1-12   目标选择

3）选择"Debugger"调试选项，选择"Driver"仿真驱动器，可以选项设置"Simulator"软件仿真或"FET Debugger"FET 调试器仿真。

4）设置完成，单击"OK"按钮确认。

（8）编译。

1）单击执行"Project"工程下的"Make"编译所有文件命令，或工具栏的 按钮，编译所有项目文件。

2）查看编译结果，如图 1-13 所示。

3. 仿真调试

（1）在工程选项"Options"中，设置使用"Debugger"选项，设置选用内置的 simulator 仿真器。

（2）单击"Project"工程下的"Download and Debug"下载与调试子菜单，或工具栏的 按钮下载程序，进入仿真调试界面，如图 1-14 所示。

（3）单击"View"视图下的"Register"寄存器子菜单，打开寄存器观察窗。

（4）单击执行"View"视图的"Watch"查看子菜单下的"Watch1"命令，打开 Watch1 观察窗，如图 1-15 所示。

（5）在 Watch1 观察窗的表达式栏，输入"P2OUT"，观察 P2 输出寄存器的变化。

（6）观察寄存器窗口"CYCLECOUNTER"循环周期的值，初始值是 7。

（7）调试工具栏如图 1-16 所示。

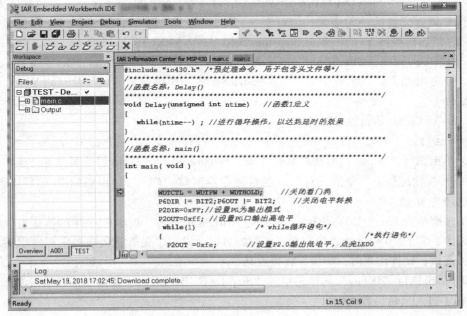

图 1-13 编译结果

图 1-14 仿真调试界面

图 1-15　打开 Watch1 观察窗

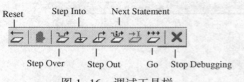

图 1-16　调试工具栏

1）Reset 复位。

2）Break 暂停。

3）Step Over 单步跳过运行。遇到函数调用时，将遇到的函数当作单独的一步执行。

4）Step Into 步进进入，单步运行。遇到函数调用时，进入所遇到的函数中，并执行一句语句。

5）Step Out 步进出，单步运行。将本函数执行完毕，退出本函数后停止程序运行，等待用户新的命令。

6）Next Statement 下一步语句，单步运行。C 语言的一句语句中还可以包含多个表达式，Step Over、Step Into、Step Out 将每一个表达式作为一步。Next Statement 不考虑包含的表达式，直接执行 C 语言完整的一句语句。如对于 N = X（3，4）+Y（6）；单击 Step Over 图标将先执行 X（3，4），然后再执行 Y（6）。单击 Step Into 图标将进入到 X（3，4）和 Y（6）中一步一步地执行 Moon 函数中的程序。如果进入了 Moon 或者 Y（6）函数中，则执行 Step Out 会立即执行完当前函数，并退出此函数，然后停下。Next Statement 将一次执行完 N = X（3，4）+Y（6）这一整句，然后停下。

7）Run to Cursor 运行到光标处。

8）Go 运行。

（8）单击执行"Debug"调试菜单的"Next Statement"下一条语句子菜命令，或单击调试工具栏的⏭按钮运行下一条语句程序，观察寄存器窗口"CYCLECOUNTER"循环周期的值，此时应已经变为 12。

（9）多次单击下一步程序按钮，当程序进入 while 循环时，观察 P2OUT 的值变为"0xFE"。硬件电路中，若 P2.0 输出端连接发光二极管的负极，发光二极管正极连接限流电阻后与 VCC 电源正极连接，硬件仿真时，二极管将被点亮。

（10）单击执行"Debug"调试菜单的"Step Into"步进进入子菜命令，或单击调试工具栏的⏬按钮，进入延时函数语句。

（11）单击调试工具栏的 Step Over 单步跳过运行按钮⏭，或单击调试工具栏的⏭按钮，运行下一条语句程序，执行完延时函数后，从延时函数语句退出。注意观察此时的寄存器窗口

"CYCLECOUNTER" 循环周期的值，已经变为 300049，如图 1-17 所示。

图 1-17　循环周期的值

（12）进入延时函数的值是 33，差值为延时循环周期数 300049，仿真频率是 600kHz，延时时间为 T，计算如下：

$$T = 300\,026 \times 1/600\,000 \approx 0.5\text{s}$$

（13）单击下一步程序按钮，当程序进入第 2 个延时函数时，观察 P2OUT 的值变为 "0xFF"。硬件仿真时，外接的发光二极管熄灭。

 技能训练

一、训练目标

（1）学会使用 IAR 单片机编程软件。

（2）学会使用单片机仿真调试。

二、训练内容与步骤

1. 建立一个工程

（1）在 C 盘的 C：\MSP430\M430 目录下，新建一个文件夹 TEST。

（2）启动 IAR 开发软件。

（3）单击 "File" 文件菜单下的 "New Workspace" 子菜单，创建工程管理空间。

（4）再单击 "Project" 文件下的 "Create New Project" 子菜单，弹出创建新工程对话框。在工程模板 "Project templates" 中选择第 4 项 C，并展开 C，点击 "main"。

（5）单击 OK 按钮，弹出另存为对话框，为新工程起名 TEST。

（6）单击保存按钮，保存在 TEST 文件夹。在工程项目浏览区，出现 TEST_Debug 新工程，并创建一个名为 "main.c" 的 C 语言程序文件。

（7）在名为 "main.c" 的 C 语言文件中，输入 LED 闪烁程序，并单击工具栏保存按钮，保存 C 语言程序。

（8）设置工程选项 Options。

1）右键单击 TEST_Debug，在弹出的快捷菜单中，选择 "Options" 进行工程文件设置。

2）首先在"General Option"中的"Target"目标选择目标板，选择要编译的 CPU 类型，选择开发板使用的 MSP430F149。

3）选择"Debugger"调试选项，选择"Driver"仿真驱动器，可以选项设置"Simulator"软件仿真。

4）设置完成，单击"OK"按钮确认。

（9）编译。

1）单击"Project"工程下的"Make"编译所有文件命令，或工具栏的 ，编译所有文件按钮，弹出保存工程空间管理对话框。

2）输入工程管理空间名"TEST"，单击保存按钮，保存工程管理空间。

3）查看编译结果。

2. 仿真调试

（1）在工程选项"Options"中，设置使用"Debugger"选项，设置选用内置的 simulator 仿真器。

（2）单击"Project"工程下的"Download and Debug"下载与调试子菜单，或工具栏的下载与调试按钮 ，下载程序，进入仿真调试界面。

（3）单击"View"视图的"Watch"查看子菜单，选择"Watch1"命令，打开一个观察窗。

（4）单击"View"视图的"Register"寄存器子菜单，打开一个寄存器观察窗。

（5）在 Watch1 观察窗的表达式栏输入"P2OUT"，观察 P2 输出寄存器的变化。

（6）观察寄存器窗口"CYCLECOUNTER"循环周期的初始值。

（7）单击"Debug"调试菜单下的"Next Statement"下一条语句子菜单，或单击调试工具栏的 按钮，运行下一步程序，观察寄存器窗口"CYCLECOUNTER"循环周期的值。

（8）多次单击下一步程序按钮，当程序进入 while 循环时，观察 P2OUT 的值变为"0xFE"。

（9）单击"Debug"调试菜单下的"Step Into"步进进入子菜单，或单击调试工具栏的 按钮，进入延时函数语句。

（10）单击"Debug"调试菜单下的"Step Out"步进出子菜单，或单击调试工具栏的 按钮，执行完延时函数后，从延时函数语句退出，注意观察此时的寄存器窗口"CYCLECOUNTER"循环周期的值。

（11）仿真频率是 6MHz，计算延时时间。

（12）单击下一步程序按钮，当程序进入第 2 个延时函数时，观察 P2OUT 的值，应变为"0xFF"。

（13）修改仿真频率，修改程序延时参数，设置断点，设置光标，继续仿真，观察仿真运行结果。

（14）单击"Debug"调试菜单下的"Stop Debugging"停止调试，或单击仿真调试停止按钮，停止仿真调试。

习题1

1. 叙述 MSP430 系列单片机的应用领域。
2. 如何应用 IAR 单片机开发软件？
3. 叙述 MSP430 单片机开发板的结构。
4. 叙述 MGMC－V2.0 单片机开发板功能。
5. 如何进行 MSP430 单片机程序仿真调试？

（1）认识C语言程序结构。

（2）了解C语言的数据类型。

（3）学会应用C语言的运算符和表达式。

（4）学会使用C语言的基本语句。

（5）学会定义和调用函数。

任务3 学用C语言编程

基础知识

一、C语言的特点及程序结构

1. C语言的主要特点

C语言是一个程序语言，一种能以简易方式编译、处理低级存储器、产生少量的机器码、不需要任何运行环境支持便能运行的编程语言。

（1）语言简洁、紧凑，使用方便、灵活。C语言一共只有32个关键字，9种控制语句，程序书写形式自由，主要用小写字母表示，压缩了一切不必要的成分。

（2）运算符丰富。C的运算符包含的范围很广泛，共有34种运算符。C语言把括号、赋值、强制类型转换等都作为运算符处理，从而使C语言的运算类型极其丰富，表达式类型多样化。灵活使用各种运算符可以实现在其他高级语言中难以实现的运算。

（3）数据结构丰富，具有现代化语言的各种数据结构。C的数据类型有整型、实型、字符型、数组类型、指针类型、结构体类型、共用体类型等。能用来实现各种复杂的数据结构（如链表、树、栈等）的运算。尤其是指针类型数据，使用起来灵活、多样。

（4）具有结构化的控制语句（如 if…else 语句、while 语句、do…while 语句、switch 语句、for 语句）。用函数作为程序的模块单位，便于实现程序的模块化。C是良好的结构化语言，符合现代编程风格的要求。

（5）语法限制不太严格，程序设计自由度大。对变量的类型使用比较灵活，例如整型数据与字符型数据可以通用。一般的高级语言语法检查比较严，能检查出几乎所有的语法错误。而C语言允许程序编写者有较大的自由度。

（6）C语言能进行位（bit）操作，能实现汇编语言的大部分功能，可以直接对硬件进行操作。C语言可以汇编语言混合编程，即可用于编写系统软件，也可用于编写应用软件。

2. C 语言的标识符与关键字

C 语言的标识符用于识别源程序中的对象名字。这些对象可以是常量、变量数组、数据类型、存储方式、语句、函数等。标识符由字母、数字和下划线等组成。第一个字符必须是字母或下划线。标识符应当含义清晰、简洁明了，便于阅读与理解。C 语言对大小写字母敏感，对于大小写不同的两个标识符，会将其看作两个不同的对象。

关键字是一类具有固定名称和特定含义的特别的标识符，有时也称为保留字。在设计 C 语言程序时，一般不允许将关键字另作他用，即要求标识符命名不能与关键字相同。与其他语言比较，C 语言标识符还是较少的。美国国家标准局（American National Standards Institute，ANSI）ANSI C 标准的关键字见表 2-1。

表 2-1 ANSI C 标准的关键字

关键字	用途	说明
auto	存储类型声明	指定为自动变量，由编译器自动分配及释放。通常在栈上分配。与 static 相反。当变量未指定时默认认为 auto
break	程序语句	跳出当前循环或 switch 结构
case	程序语句	开关语句中的分支标记，与 switch 连用
char	数据类型声明	字符型类型数据，属于整型数据的一种
const	存储类型声明	指定变量不可被当前线程改变（但有可能被系统或其他线程改变）
continue	程序语句	结束当前循环，开始下一轮循环
default	程序语句	开关语句中的"其他"分支，可选
do	程序语句	构成 do…while 循环结构
double	数据类型声明	双精度浮点型数据，属于浮点数据的一种
else	程序语句	条件语句否定分支（与 if 连用）
enum	数据类型声明	枚举声明
extern	存储类型声明	指定对应变量为外部变量，即标示变量或者函数的定义在别的文件中，提示编译器遇到此变量和函数时在其他模块中寻找其定义
float	数据类型声明	单精度浮点型数据，属于浮点数据的一种
for	程序语句	构成 for 循环结构
goto	程序语句	无条件跳转语句
if	程序语句	构成 if…else…条件选择语句
int	数据类型声明	整型数据，表示范围通常为编译器指定的内存字节长
long	数据类型声明	修饰 int，长整型数据，可省略被修饰的 int
register	存储类型声明	指定为寄存器变量，建议编译器将变量存储到寄存器中使用，也可以修饰函数形参，建议编译器通过寄存器而不是堆栈传递参数
return	程序语句	函数返回。用在函数体中，返回特定值
short	数据类型声明	修饰 int，短整型数据，可省略被修饰的 int
signed	数据类型声明	修饰整型数据，有符号数据类型
sizeof		得到特定类型或特定类型变量的大小
static	存储类型声明	指定为静态变量，分配在静态变量区，修饰函数时，指定函数作用域为文件内部

关键字	用途	说　明
struct	数据类型声明	结构体声明
switch	程序语句	构成 Switch 开关选择语句（多重分支语句）
typedef	数据类型声明	声明类型别名
union	数据类型声明	共用体声明
unsigned	数据类型声明	修饰整型数据，无符号数据类型
void	数据类型声明	声明函数无返回值或无参数，声明无类型指针，显示丢弃运算结果
volatile	数据类型声明	指定变量的值有可能会被系统或其他线程改变，强制编译器每次从内存中取得该变量的值，阻止编译器把该变量优化成寄存器变量
while	程序语句	构成 while 和 do…while 循环结构

　　IAR 是一种专为 51 系列单片机设计的 C 高级语言编译器，支持符合 ANSI 标准 C 语言进行程序设计，同时针对 MSP430 系列单片机特点，进行了特殊扩展，IAR 编译器的 MSP430 扩展关键字见表 2-2。

表 2-2　　　　　　　　　　　IAR 编译器的 MSP430 扩展关键字

关键字	用途	说　明
asm	程序类型说明	汇编类型
area	区域说明	伪指令，汇编中说明不同的区域
abs	代码定位方式说明	伪指令，汇编中绝对定位区域
con	代码定位方式说明	伪指令，汇编中连接定位
rel	代码定位方式说明	伪指令，汇编中重新定位区域
ovr	代码定位方式说明	伪指令，汇编中覆盖定位
const	存储类型声明	对 ANSI 中的 const 功能进行扩展
data	存储类型声明	单片机中的 SRAM
text	存储类型声明	单片机中的 Flash
E^2PROM	存储类型声明	单片机中的 E^2PROM
globl	数据类型声明	定义一个全局符号
interrupt	中断函数说明	说明函数为中断函数
vector	中断向量说明	说明中断向量
task	函数类型说明	与 pragma 合用，函数不必保存和恢复寄存器
//	注释	使用 C++类型注释
pragma	编译附加注释	编译附注
monitor	自动关闭中断	放在函数前面，功能是在这一函数执行的时候自动关闭中断
no_init	不为变量赋初值	放在全局变量前面，功能是使程序启动时不为变量赋初值
regvar	声明变量为寄存器变量	放在变量前面，作用是声明变量为寄存器变量

3. C 语言程序结构

与标准 C 语言相同，C 语言程序由一个或多个函数构成，至少包含一个主函数 main（）。程序执行是从主函数开始的，调用其他函数后又返回主函数。被调用函数如果位于主函数前，可以直接调用，否则要先进行声明然后再调用，函数之间可以相互调用。

C 语言程序结构如下：

```
#include "io430.h"                    /*预处理命令,用于包含头文件等*/
void DelayMS(unsigned int i);        //函数 1 说明
                                     //函数 n 说明

void main(void)                      /*主函数*/
  {                                  /*主函数开始*/
    WDTCTL=WDTPW+WDTHOLD;            //关闭看门狗
    P6DIR |=BIT2;P6OUT |=BIT2;       //关闭电平转换
    P2DIR=0xFF;                      //设置 P2 为输出模式
    P2OUT=0xff;                      //设置 P2 口输出高电平
    while(1)                         /*while 循环语句*/
    {                                /*执行语句*/
      P2OUT=0xfe;                    //设置 P2.0 输出低电平,点亮 LED0
      DelayMS(500);                  //延时
      P2OUT=0xff;                    //设置 P2.0 输出高电平,熄灭 LED0
      DelayMS(500);                  //延时
    }
  }
void DelayMS(unsigned int time)      //函数 1 定义
{
    unsigned int i;                  //定义无符号整型变量 i
    while(time--)
    for(i=1000;i>0;i--);             //进行循环操作,以达到延时的效果
}

                                     //函数 n 定义
```

C 语言程序是由函数组成，函数之间可以相互调用，但主函数 main（）只能调用其他函数，而不可以被其他函数调用。其他函数可以是用户定义的函数，也可以是 C51 的库函数。无论主函数 main（）在什么位置，程序总是从主函数 main（）开始执行的。

编写 C 语言程序的要求是：

（1）函数以 "｛" 开始，到 "｝" 结束。包含在 "｛｝"（花括号）内部的部分称为函数体。花括号必须成对出现，如果在一个函数内有多对花括号，则最外层花括号为函数体范围。为了使程序便于阅读和理解，花括号对可以采用缩进方式。

（2）每个变量必须先定义，再使用。在函数内定义的变量为局部变量，只可以在函数内部使用，又称为内部变量。在函数外部定义的变量为全局变量，在定义的那个程序文件内使用，可称为外部变量。

（3）每条语句最后必须以一个 "；" 分号结束，分号是 C51 程序的重要组成部分。

（4）C 语言程序没有行号，书写格式自由，一行内可以写多条语句，一条语句也可以写于多行上。

（5）程序的注释可以放在"//"之后，也可以放在"/* …… */"之内。

二、C语言的数据类型

C语言的数据类型可以分为基本数据类型和复杂数据类型。基本数据类型包括字符型（char）、整型（int）、长整型（long）、浮点型（float）、指针型（*p）等。复杂数据类型由基本数据类型组合而成。IAR编译器除了支持基本数据类型，也支持扩展数据类型。

1. IAR编译器可识别的数据类型

IAR编译器可识别的数据类型见表2-3。

表2-3
IAR编译器可识别的数据类型

数据类型	字节长度	取 值 范 围
signed char	1字节	−128～127
unsigned char	1字节	0～255
（char（*））	1字节	0～255
signed int	2字节	−32768～32767
unsigned int	2字节	0～65535
signed long	4字节	−2147483648～2147483647
unsigned long	4字节	0～4294967925
float	4字节	±1.175494E−38～±3.402823E+38
*	1～3字节	对象地址
double	4字节	±1.175494E−38～±3.402823E+38
signed short	2字节	−32768～32767
unsigned short	2字节	0～65535

2. 数据类型的隐形变换

在C语言程序的表达式或变量赋值中，有时会出现运算对象不一致的状况，C语言允许任何标准数据类型之间的隐形变换。变换按bit→char→int→long→float和signed→unsigned的方向变换。

3. IAR编译器支持结构类型、联合类型、枚举类型数据等复杂数据

4. 用typedef重新定义数据类型

在C语言程序设计中，除了可以采用基本的数据类型和复杂的数据类型外，也可以根据自己的需要，对数据类型进行重新定义。重新定义使用关键字typedef，定义方法如下：

```
typedef  已有的数据类型  新的数据类型名;
```

其中"已有的数据类型"是指C语言已有基本数据类型、复杂的数据类型，包括数组、结构、枚举、指针等，"新的数据类型名"则根据习惯和任务需要决定。关键字typedef只是将已有的数据类型做了置换，用置换后的新数据类型名来进行数据类型定义。

例如：

```
typedef unsigned char UCHAR8;   /*定义 unsigned char 为新的数据类型名 UCHAR8*/
typedef unsigned int UINT16;    /*定义 unsigned int 为新的数据类型名 UINT16*/
UCHAR8 i,j;                      /*用新数据类型 UCHAR8 定义变量 i 和 j*/
```

```
UINT16 p,k;                    /*用新数据类型 UINT16 定义变量 p 和 k */
```

先用关键字 typedef 定义新的数据类型 UCHAR8、UINT16，再用新数据类型 UCHAR8 定义变量 i 和 j，UCHAR8 等效于 unsigned char，所以 i、j 被定义为无符号的字符型变量。用新数据类型 UINT16 定义 p 和 k，uInt16 等效于 unsigned int，所以 i、j 被定义为无符号整数型变量。

习惯上，用 typedef 定义新的数据类型名用大写字母表示，以便与原有的数据类型相区别。值得注意的是，用 typedef 可以定义新的数据类型名，但不可直接定义变量。因为 typedef 只是用新的数据类型名替换了原来的数据类型名，并没有创造新的数据类型。

采用 typedef 定义新的数据类型名，可以简化较长数据类型定义，便于程序移植。

5. 常量

C 语言程序中的常量包括字符型常量、字符串常量、整型常量、浮点型常量等。字符型常量是单引号内的字符，例如 'i' 'j' 等。对于不可显示的控制字符，可以在该字符前加反斜杠 " \ " 组成转义字符。常用的转义字符见表 2-4。

表 2-4　　　　　　　　　　　　　常 用 的 转 义 字 符

转义字符	转义字符的意义	ASCII 代码
\0	空字符（NULL）	0x00
\b	退格（BS）	0x08
\t	水平制表符（HT）	0x09
\n	换行（LF）	0x0A
\f	走纸换页（FF）	0xC
\r	回车（CR）	0xD
\"	双引号符	0x22
\'	单引号符	0x27
\\	反斜线符"\"	0x5C

字符串常量由双引号内字符组成，例如 "abcde" "k567" 等。字符串常量的首尾双引号是字符串常量的界限符。当双引号内字符个数为 0 时，表示空字符串常量。C 语言将字符串常量当作字符型数组来处理，在存储字符串常量时，要在字符串的尾部加一个转义字符 " \0" 作为结束符，编程时要注意字符常量与字符串常量的区别。

6. 变量

C 语言程序中的变量是一种在程序执行过程中其值不断变化的量。变量在使用之前必须先定义，用一个标识符表示变量名，并指出变量的数据类型和存储方式，以便 C 语言编译器系统为它分配存储单元。C 语言变量的定义格式如下：

［存储种类］数据类型［存储器类型］变量名表；

其中"存储种类"和"存储器类型"是可选项。存储种类有 4 种，分别是自动（auto）、外部（extern）、静态（static）和寄存器（register）。定义时如果省略存储种类，则该变量为自动变量。

定义变量时除了可设置数据类型外，还允许设置存储器类型，使其能在 51 单片机系统内准确定位。

存储器类型见表 2-5。

表 2-5   存 储 器 类 型

存储器类型	说　　明
data	直接地址的片内数据存储器（128 字节），访问速度快
bdata	可位寻址的片内数据存储器（16 字节），允许位、字节混合访问
idata	间接访问的片内数据存储器（256 字节），允许访问片内全部地址
pdata	分页访问的片内数据存储器（256 字节），用 MOVX@ Ri 访问
xdata	片外的数据存储器（64KB），用 MOVX@ DPTR 访问
code	程序存储器（64KB），用 MOVC@ A+DPTR 访问

根据变量的作用范围，可将变量分为全局变量和局部变量。全局变量是在程序开始处或函数外定义的变量，在程序开始处定义的全局变量在整个程序中有效。在各功能函数外定义的变量，从定义处开始起作用，对其后的函数有效。

局部变量指函数内部定义的变量，或函数的"{ }"功能块内定义的变量，只在定义它的函数内或功能块内有效。

根据变量存在的时间可分为静态存储变量和动态存储变量。静态存储变量是指变量在程序运行期间存储空间固定不变；动态存储变量指存储空间不固定的变量，在程序运行期间动态为其分配空间。全局变量属于静态存储变量，局部变量为动态存储变量。

C 语言允许在变量定义时为变量赋予初值。

下面是变量定义的一些例子。

```
char data a1;                    /*在 data 区域定义字符变量 a1*/
char bdata a2;                   /*在 bdata 区域定义字符变量 a2*/
int idata a3;                    /*在 idata 区域定义整型变量 a3*/
char code a4[]="cake";           /*在程序代码区域定义字符串数组 a4[]*/
extern float idata x,y;          /*在 idata 区域定义外部浮点型变量 x、y*/
sbit led1=P2^1;                  /*在 bdata 区域定义位变量 led1*/
```

变量定义时如果省略存储器种类，则按编译时使用的存储模式来规定默认的存储器类型。存储模式分为 SMALL、COMPACT、LARGE 3 种。

SMALL 模式时，变量被定义在单片机的片内数据存储器中（最大 128 字节，默认存储类型是 DATA），访问十分方便、速度快。

COMPACT 模式时，变量被定义在单片机的分页寻址的外部数据寄存器中（最大 256 字节，默认存储类型是 PDATA），每一页地址空间是 256 字节。

LARGE 模式时，变量被定义在单片机的片外数据寄存器中（最大 64KB，默认存储类型是 XDATA），使用数据指针 DPTR 来间接访问，用此数据指针进行访问效率低，速度慢。

三、C 语言的运算符及表达式

C 语言具有丰富的运算符，数据表达、处理能力强。运算符是完成各种运算的符号，表达式是由运算符与运算对象组成的具有特定含义的式子。表达式语句是由表达式及后面的分号";"组成，C 语言程序就是由运算符和表达式组成的各种语句组成的。

C 语言使用的运算符包括赋值运算符、算术运算符、逻辑运算符、关系运算符、加 1 和减 1 运算符、位运算符、逗号运算符、条件运算符、指针地址运算符、强制转换运算符、复合运算符等。

1. 赋值运算

符号"="在C语言中称为赋值运算符，它的作用是将等号右边数据的值赋值给等号左边的变量，利用它可以将一个变量与一个表达式连接起来组成赋值表达式，在赋值表达式后添加";"分号，组成C语言的赋值语句。

赋值语句的格式为：

变量=表达式；

在C语言程序运行时，赋值语句先计算出右边表达式的值，再将该值赋给左边的变量。右边的表达式可以是另一个赋值表达式，即C语言程序允许多重赋值。

```
a=6;     /*将常数6赋值给变量a*/
b=c=7;   /*将常数7赋值给变量b和c*/
```

2. 算术运算符

C语言中的算术运算符包括"+"（加或取正值）运算符、"-"（减或取负值）运算符、"*"（乘）运算符、"/"（除）运算符、"%"（取余）运算符。

在C语言中，加、减、乘法运算符合一般的算术运算规则，除法稍有不同，两个整数相除，结果为整数，小数部分舍弃，两个浮点数相除，结果为浮点数，取余的运算要求两个数据均为整型数据。

将运算对象与算术运算符连接起来的式子称为算术表达式。算术表达式表现形式为：

表达式1　算术运算符　表达式2

如：x/(a+b),(a-b)*(m+n)

在运算时，要按运算符的优先级别进行，算术运算中，括号（）优先级最高，其次取负值"-"，再其次是乘法"*"、除法"/"和取余"%"，最后是加"+"和减"-"。

3. 加1和减1运算符

加1"++"和减1"--"是两个特殊的运算符，分别作用于变量做加1和减1运算。

如m++，++m，n--，--j等。但m++与++m不同，前者在使用m后加1，后者先将m加1再使用。

4. 关系运算符

C语言中有6种关系运算符，分别是>（大于）、<（小于）、>=（大于等于）、<=（小于等于）、==（等于）、!=（不等于）。前4种具有相同的优先级，后两种具有等同的优先级，前4种优先级高于后两种。用关系运算符连接的表达式称为关系表达式，一般形式为：

表达式1　关系运算符　表达式2

如：x+y>2

关系运算符常用于判断条件是否满足，关系表达式的值只有0和1两种，当指定的条件满足时为1，否则为0。

5. 逻辑运算符

C语言中有3中逻辑运算符，分别是‖（逻辑或）、&&（逻辑与）、!（逻辑非）。

逻辑运算符用于计算条件表达式的逻辑值，逻辑表达式就是用关系运算符和表达式连接在一起的式子。

逻辑表达式的一般形式：

条件 1 关系运算符 条件 2

如：x&&y,m‖n,！z 都是合法的逻辑表达式。

逻辑运算时的优先级为：逻辑非→算术运算符→关系运算符→逻辑与→逻辑或。

6. 位运算符

对 C 语言对象进行按位操作的运算符，称为位运算符。位运算是 C 语言的一大特点，使其能对计算机硬件直接进行操控。

位运算符有 6 种，分别是~（按位取反）、<<（左移）、>>（右移）、&（按位与）、^（按位异或）、｜（按位或）。

位运算形式为：

变量 1　位运算符　变量 2

位运算不能用于浮点数。

位运算符作用是对变量进行按位运算，并不改变参与运算变量的值。如果希望改变参与位运算变量的值，则要使用赋值运算。

如：a=a>>1 表示 a 右移 1 位后赋给 a。

位运算的优先级：~（按位取反）→<<（左移）和>>（右移）→&（按位与）→^（按位异或）、→｜（按位或）。

清零、置位、反转、读取也可使用按位操作符。

清零寄存器某一位可以使用按位与运算符。

如　P2.2 清零：P2OUT&=oxfb;或 P2OUT&=~(1<<2);

置位寄存器某一位 P2OUT |=~oxfb;或 P2OUT |=~(1<<2);

反转寄存器某一位可以使用按位异或运算符。

如　P2.3 反转：P2OUT ^=ox08;或 P2OUT ^=1<<3;

读取寄存器某一位可以使用按位与运算符。

```
if((P3IN&ox08)) //程序语句1;
```

7. 逗号运算符

C 语言中的 "," 逗号运算符是一个特殊的运算符，它将多个表达式连接起来。称为逗号表达式。逗号表达式的格式为：

表达式 1,表达式 2,……表达式 n

程序运行时，从左到右依次计算各个表达式的值，整个逗号表达式的值为表达式 n 的值。

8. 条件运算符

条件运算符 "？" 是 C 语言中唯一的三目运算符，它有 3 个运算对象，条件运算符可以将 3 个表达式连接起来构成一个条件表达式。

条件表达式的形式为：

逻辑表达式? 表达式 1:表达式 2

程序运行时，先计算逻辑表达式的值，当值为真（非 0）时，将表达式 1 的值作为整个条件表达式的值；否则，将表达式 2 的值作为整个条件表达式的值。

例如：min=(a<b)？a:b 的执行结果是将 a、b 中较小值赋给 min。

9. 指针与地址运算符

指针是 C 语言中一个十分重要的概念，专门规定了一种指针型数据。变量的指针实质上就是变量对应的地址，定义的指针变量用于存储变量的地址。对于指针变量和地址间的关系，C语言设置了两个运算符：&（取地址）和*（取内容）。

取地址与取内容的一般形式为：

指针变量=& 目标变量

变量=* 指针变量

取地址是把目标变量的地址赋值给左边的指针变量。

取内容是将指针变量所指向的目标变量的值赋给左边的变量。

10. 复合赋值运算符

在赋值运算符的前面加上其他运算符，就构成了复合运算符，C语言中有 10 种复合运算符，分别是：+=（加法赋值）、-=（减法赋值）、* =（乘法赋值）、/=（除法赋值）、%=（取余赋值）、<<=（左移位赋值）、>>=（右移位赋值）、&=（逻辑与赋值）、|=（逻辑或赋值）、~=（逻辑非赋值）、? =（逻辑异或赋值）。

使用复合运算符，可以使程序简化，提高程序编译效率。

复合赋值运算首先对变量进行某种运算，然后再将结果赋值给该变量。符合赋值运算的一般形式为；

变量　复合运算符　表达式

如：i+=2 等效于 i=i+2。

四、C 语言的基本语句

1. 表达式语句

C语言中，表达式语句是最基本的程序语句，在表达式后面加"；"号，就组成了表达式语句。

```
a=2;b=3;
m=x+y;
++j;
```

表达式语句也可以只由一个"；"分号组成，称为空语句。空语句可以用于等待某个事件的发生，特别是用在 while 循环语句中。空语句还可用于为某段程序提供标号，表示程序执行的位置。

2. 复合语句

C语言的复合语句是由若干条基本语句组合而成的一种语句，它用一对"{}"将若干条语句组合在一起，形成一种控制功能块。复合语句不需要用"；"分号结束，但它内部各条语句要加"；"分号。

复合语句的形式为：

```
{
局部变量定义；
语句1；
语句2；
……；
语句n；
}
```

复合语句依次顺序执行，等效于一条单语句。复合语句主要用于函数中，实际上，函数的执行部分就是一个复合语句。复合语句允许嵌套，即复合语句内可包含其他复合语句。

3. if 条件语句

条件语句又称为选择分支语句，它由关键字"if"和"else"等组成。C语言提供3种if条件语句格式。

```
if(条件表达式)语句
```

当条件表达式为真，就执行其后的语句。否则，不执行其后的语句。

```
if(条件表达式)语句1
else 语句2
```

当条件表达式为真，就执行其后的语句1。否则，执行else后的语句2。

```
if(条件表达式1)      语句1
elseif(条件表达式2)  语句2
……
elseif(条件表达式i)  语句m
else                 语句n
```

顺序逐条判断执行条件j，决定执行的语句，否则执行语句n。

4. swich/case 开关语句

虽然条件语句可以实现多分支选择，但是当条件分支较多时，会使程序繁冗，不便于阅读。开关语句是直接处理多分支语句，程序结构清晰，可读性强。swich/case 开关语句的格式为：

```
swich(条件表达式)
{
case 常量表达式1:语句1;
break;
case 常量表达式2:语句2;
break;
……
case 常量表达式n:语句n;
break;
default: 语句m
}
```

将 swich 后的条件表达式值与 case 后的各个表达式值逐个进行比较，若有相同的，就是执行相应的语句，然后执行 break 语句，终止执行当前语句的执行，跳出 switch 语句。若无匹配的，就执行语句m。

5. for、while、do…while 语句循环语句

循环语句用于 C 语言的循环控制，使某种操作反复执行多次。循环语句有：for 循环、while 循环、do…while 循环等。

（1）for 循环。采用 for 语句构成的循环结构的格式为：

for([初值设置表达式];[循环条件表达式];[更新表达式])语句

for 语句执行的过程是：先计算初值设置表达式的值，将其作为循环控制变量的初值，再检查循环条件表达式的结果，当满足条件时，就执行循环体语句，再计算更新表达式的值，然后再进行条件比较，根据比较结果，决定循环体是否执行，一直到循环表达式的结果为假（0值）时，退出循环体。

for 循环结构中的 3 个表达式是相互独立的，不要求它们相互依赖。3 个表达式可以是默认的，但循环条件表达式不要默认，以免形成死循环。

（2）while 循环。while 循环的一般形式是：

while(条件表达式)语句;

while 循环中语句可以使用复合语句。

当条件表达式的结果为真（非 0 值），程序执行循环体的语句，一直到条件表达式的结果为假（0 值）。while 循环结构先检查循环条件，再决定是否执行其后的语句。如果循环表达式的结果一开始就为假，那么，其后的语句一次都不执行。

（3）do…while 循环。采用 do…while 也可以构成循环结构。do…while 循环结构的格式为：

do 语句 while(条件表达式)

do…while 循环结构中语句可使用复合语句。

do…while 循环先执行语句，再检查条件表达式的结果。当条件表达式的结果为真（非 0 值），程序继续执行循环体的语句，一直到条件表达式的结果为假（0 值）时，退出循环。

do…while 循环结构中语句至少执行一次。

6. Goto、Break、continue 语句

（1）Goto 语句是一个无条件转移语句，一般形式为：

Goto 语句标号:

语句标号是一个带 ":" 冒号的标识符。

Goto 语句可与 if 语句构成循环结构，goto 主要用于跳出多重循环，一般用于从内循环跳到外循环，不允许从外循环跳到内循环。

（2）Break 语句用于跳出循环体，一般形式为：

Break;

对于多重循环，break 语句只能跳出它所在的那一层循环，而不能像 goto 语句可以跳出最内层循环。

（3）Continue 是一种中断语句，功能是中断本次循环。它的一般形式是：

Continue;

Continue 语句一般与条件语句一起用在 for、while 等语句构成循环结构中，它是具有特殊功能的无条件转移语句，与 break 不同的是，continue 语句并不决定跳出循环，而是决定是否继续执行。

7. return 返回语句

return 返回语句用于终止函数的执行，并控制程序返回到调用该函数时所处的位置。

返回语句的基本形式为：

return 或 return(表达式)

当返回语句带有表达式时，则要先计算表达式的值，并将表达式的值作为该函数的返回值。

当返回语句不带表达式时，则被调用的函数返回主调函数，函数值不确定。

五、函数

1. 函数的定义

一个完整的 C 语言程序是由若干个模块构成的，每个模块完成一种特定的功能，而函数就是 C 语言的一个基本模块，用以实现一个子程序功能。C 语言总是从主函数开始，main（）函数是一个控制流程的特殊函数，它是程序的起始点。在程序设计时，程序如果较大，就可以将其分为若干个子程序模块，每个子程序模块完成一个特殊的功能，这些子程序通过函数实现。

C 语言函数可以分为两大类，标准库函数和用户自定义函数。标准库函数是 IAR 提供的，用户可以直接使用。用户自定义函数使用户根据实际需要，自己定义和编写的能实现一种特定功能的函数。必须先定义后使用。函数定义的一般形式是：

函数类型 函数名(形式参数表)
形式参数说明
{
局部变量定义
函数体语句
}

其中"函数类型"定义函数返回值的类型。

"函数名"是用标识符表示的函数名称。

"形式参数表"中列出的是主调函数与被调函数之间传输数据的形式参数。形式参数的类型必须说明。ANSI C 标准允许在形式参数表中直接对形式参数类型进行说明。如果定义的是无参数函数，可以没有形式参数表，但圆括号"（）"不能省略。

"局部变量定义"是定义在函数内部使用的变量。

"函数体语句"是为完成函数功能而组合的各种 C 语言语句。

如果定义的函数内只有一对花括号且没有局部变量定义和函数体语句，该函数为空函数，空函数也是合法的。

2. 函数的调用与声明

通常 C 语言程序是由一个主函数 main（）和若干个函数构成。主函数可以调用其他函数，其他函数可以彼此调用，同一个函数可以被多个函数调用任意多次。通常把调用其他函数的函数称为主调函数，其他函数称为被调函数。

函数调用的一般形式为：

函数名(实际参数表)

其中"函数名"指出被调用函数的名称。

"实际参数表"中可以包括多个实际参数，各个参数之间用逗号分隔。实际参数的作用是将它的值传递给被调函数中的形式参数。要注意的是，函数调用中实际参数与函数定义的形式参数在个数、类型及顺序上必须严格保持一致，以便将实际参数的值分别正确地传递给形式参数。如果调用的函数无形式参数，可以没有实际参数表，但圆括号"（）"不能省略。

C 语言函数调用有 3 种形式。

（1）函数语句。在主调函数中通过一条语句来表示。

```
Nop();
```

这是无参数调用，是一个空操作。

（2）函数表达式。在主调函数中将被调函数作为一个运算对象直接出现在表达式中，这种表达式称为函数表达式。

```
y=add(a,b)+sub(m,n);
```

这条赋值语句包括两个函数调用，每个函数调用都有一个返回值，将两个函数返回值相加赋值给变量 y。

（3）函数参数。在主调函数中将被调函数作为另一个函数调用的实际参数。

```
x=add(sub(m,n),c)
```

函数 sub（m，n）作为另一个函数 add（sub（m，n），c）中实际参数表中，以它的返回值作为另一个被调函数的实际参数。这种在调用一个函数过程中有调用另一个函数的方式，称为函数的嵌套调用。

六、预处理

预处理是 C 语言在编译之前对源程序的编译。预处理包括宏定义、文件包括和条件编译。

1.　宏定义

宏定义的作用是用指定的标识符代替一个字符串。

一般定义为：

```
#define 标识符　字符串
#define uChar8 unsigned char   //定义无符号字符型数据类型 uChar8
```

定义了宏之后，就可以在任何需要的地方使用宏，在 C 语言处理时，只是简单地将宏标识符用它的字符串代替。

定义无符号字符型数据类型 uChar8，可以在后续的变量定义中使用 uChar8，在 C 语言处理时，只是简单地将宏标识符 uChar8 用它的字符串 unsigned char 代替。

2.　文件包括

文件包括的作用是将一个文件内容完全包括在另一个文件之中。

文件包括的一般形式为：

```
#include"文件名"或#include<文件名>
```

二者的区别在于用双引号的 include 指令首先在当前文件的所在目录中查找包含文件，如果没有则到系统指定的文件目录去寻找。

使用尖括号的 include 指令直接在系统指定的包含目录中寻找要包含的文件。

在程序设计中，文件包含可以节省用户的重复工作，或者可以先将一个大的程序分成多个源文件，由不同人员编写，然后再用文件包括指令把源文件包含到主文件中。

3.　条件编译

通常情况下，在编译器中进行文件编译时，将会对源程序中所有的行进行编译。如果用户想在源程序中的部分内容满足一定条件时才编译，则可以通过条件编译对相应内容制定编译的条件来实现相应的功能。条件编译有以下 3 种形式。

```
#ifdef 标识符　程序段 1;#else 程序段 2;#endif
```

其作用是，当标识符已经被定义过（通常用#define 命令定义）时，只对程序段 1 进行编译，否则编译程序段 2。

```
#ifndef 标识符　程序段 1;#else 程序段 2;#endif
```

其作用是，当标识符已经没有被定义过（通常用#define 命令定义）时，只对程序段 1 进行编译，否则编译程序段 2。

```
#if 表达式　程序段 1;#else 程序段 2;#endif
```

当表达式为真，编译程序段 1，否则，编译程序段 2。

七、IAR 单片机 C 语言程序设计

1. LED 灯闪烁控制流程图

LED 灯闪烁控制流程图如图 2-1 所示。

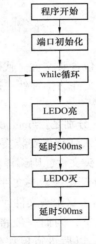

图 2-1　LED 灯闪烁控制流程图

2. LED 灯闪烁控制程序

```
#include "io430.h"                          /*预处理命令,用于包含头文件等*/
#define uChar8 unsigned char                //定义无符号字符型数据类型 uChar8
#define uInt16 unsigned int                 //定义无符号整型数据类型 uInt16
/**********************************************************
//函数名称:Delay()
********************************************************** /
void Delay(uInt16 ValMS)                    //函数 1 定义
{
    while(ValMS--)
}
/**********************************************************
```

```
//函数名称:main()
//*************************************************************** /
int main(void)
{
    //Stop watchdog timer to prevent time out reset
    WDTCTL=WDTPW+WDTHOLD;
        P6DIR|=BIT2;P6OUT|=BIT2;        //关闭电平转换

    P2DIR=0xFF;                         //设置 PG 为输出模式
    P2OUT=0xff;                         //设置 PG 口输出高电平
    while(1)                            /*while 循环语句*/
    {                                   /*执行语句*/
      P2OUT=0x00;                       //设置 P2.0 输出低电平,点亮 LED0
        Delay(50000);                   //延时
        P2OUT=0xff;                     //设置 P2.0 输出高电平,熄灭 LED0
      Delay(50000);                     //延时
    }
}
```

3. 头文件

代码的第一行#include "io430.h",包含头文件。代码中引用头文件的意义可形象地理解为将这个头文件中的全部内容放在引用头文件的位置处,避免每次编写同类程序都要将头文件中的语句重复编写一次。

在代码中加入头文件有两种书写法,分别是:#include<io430.h>和# include "io430.h"。使用"<xx.h>"包含头文件时,编译器只会进入到软件安装文件夹处开始搜索这个头文件,也就是如果 C:\IAR\include 文件夹下没有引用的头文件,则编译器会报错。当使用 "xx.h" 包含头文件时,编译器先进入当前工程所在的文件夹开始搜索头文件,如果当前工程所在文件夹下没有该头文件,编译器又会去软件安装文件夹处搜索这个头文件,若还是找不到,则编译器会报错。

由于该文件存在于软件安装文件夹下,因而一般将该头文件写成# include<io430.h>的形式,当然写成#include "io430.h" 也行。以后进行模块化编程时,一般写成 "xx.h" 的形式,例如自己编写的头文件 "LED.h",则可以写成#include "LED.h"。

4. LED 灯闪烁控制程序分析

LED 灯闪烁控制程序的第 2~3 行是 C 语言中常用的宏定义。在编写程序时,写 unsigned char 明显比写 uChar8 麻烦,所以用宏定义给 unsigned char 来了一个简写的方法 uChar8,当程序运行中遇到 uChar8 时,则用 unsigned char 代替,这样就简化了程序编写。

程序第 3~5 行,给函数提供一个说明,这是为了养成一个良好的编程习惯,等到以后编写复杂程序时会起到事半功倍的效果。

第 6~9 行是一个延时子函数,名称为 Delay(),里面有个形式参 ValMS,延时时间由ValMS 形参变量设置,通过 for 嵌套循环进行空操作,以达到一定的延时效果。

在 main 主函数中,首先初始化 P2 口为输出,接着初始化 P2 口输出高电平,熄灭所有 LED 灯。使用了 while 循环,条件设置为1,进入死循环。

在 while 循环中,通过 "P2OUT=0xfe;" 语句,P2.0 输出低电平,而其余为高电平,亦即点亮 LED0。然后延时一段时间,再通过 "P2OUT=0xff;" 语句,P2.0 为输出高电平,熄灭

LED0。再延时一段时间，结束本次 while 循环。

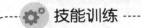 技能训练

一、训练目标

（1）学会书写 C 语言基本程序。

（2）学会 C 语言变量定义。

（3）学会编写 C 语言函数程序。

（4）学会调试 C 语言程序。

二、训练内容与步骤

1. 流程图

画出 LED 灯闪烁控制流程图。

2. 建立一个工程

（1）在 E：\MSP430\M430 目录下，新建一个文件夹 B001。

（2）启动 IAR 软件。

（3）单击"Project"菜单下的"Create New Project"子菜单，弹出创建新工程的对话框。

（4）在"Project templates"工程模板中选择"C"语言项目，展开 C，选择"main"。

（5）单击"OK"按钮，弹出保存项目对话框，在另存为对话框，输入工程文件名"B001"，单击"保存"按钮。

3. 编写程序文件

在 main 中输入 LED 灯闪烁控制程序，单击工具栏的保存按钮 ，并保存文件。

4. 编译程序

（1）右键单击"B001_Debug"项目，在弹出的菜单中选择"Option"选项，弹出选项设置对话框。

（2）在"Target"目标元件选项页的"Device"器件配置下拉列表选项中选择"MSP430F149"。

（3）选择"Debugger"调试选项，选择"Driver"仿真驱动器，可以选项设置"Simulator"软件仿真。

（4）设置完成，单击"OK"按钮确认。

（5）单击"Project"工程下的"Make"编译所有文件，或工具栏的 Make 按钮 ，编译所有项目文件。

（6）首次编译时，弹出保存工程管理空间对话框，在文件名栏输入"B001"，单击保存按钮，保存工程管理空间。

5. 生成 TXT 文件

（1）项目编译成功后，单击工程管理空间中的工作模式切换栏的下拉箭头，选择"Release"软件发布选项，如图 2-2 所示，将工程管理空间软件工作模式切换到发布状态。

（2）右键单击"B001_Debug"项目，在弹出的菜单中执行的 Option 选项命令，弹出选项设置对话框。

（3）选择"Linker"输出链接项目，单击"Output"输出选项页，勾选输出文件下的"Override default"覆盖默认复选框，输出文件设置如图 2-3 所示。

（4）单击"OK"按钮，完成生成 TXT 文件设置。

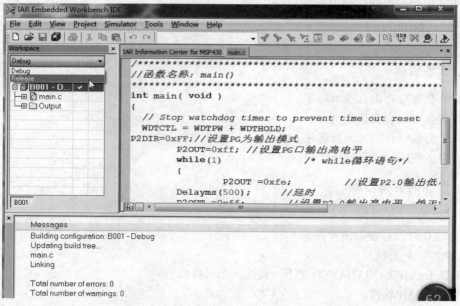

图 2-2　工件模式切换

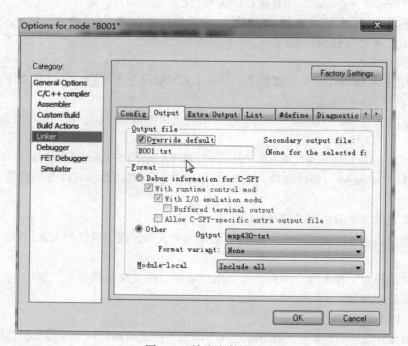

图 2-3　输出文件设置

（5）再单击工具栏的 Make 按钮，编译所有项目文件，生成 B001. TXT 文件。

6. 下载调试程序

（1）将 MSP430F149 开发板的 USB 端口与电脑 USB 连接。

（2）启动 MSP430 BSL 下载软件，见图 2-4。

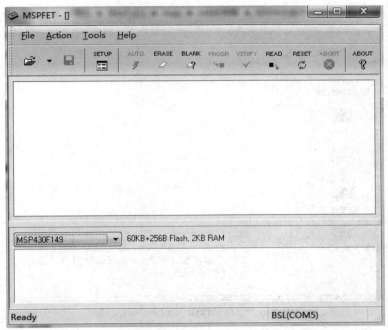

图 2-4 MSP430 BSL 下载软件

（3）单击"Tool"工具菜单下的"Setup"设置子菜单，设置下载参数，见图 2-5。选择
USB 下载端口，单击"OK"按钮，完成下载参数设置。

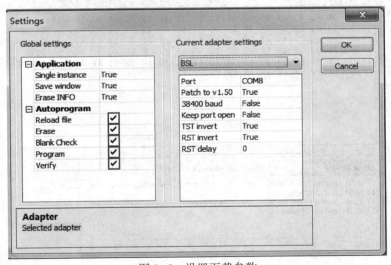

图 2-5 设置下载参数

（4）单击"File"文件菜单下的"Open"打开子菜单，弹出打开文件对话框，选择 B01 文
件夹内 Release 文件夹，打开文件夹，选择"B001. TXT"文件，见图 2-6。

（5）单击"打开"按钮，打开文件的信息，见图 2-7。

（6）选择器件类型"MSP430F149"，单击"Auto"自动按钮，程序下载到 MSP430F149 开
发板，观察与 P2.0 连接的 LED 指示灯状态变化。

（7）修改延时函数中参数，重新编译下载，观察与 P2.0 连接的 LED 指示灯状态变化。

图 2-6 选择 "B001. TXT" 下载文件

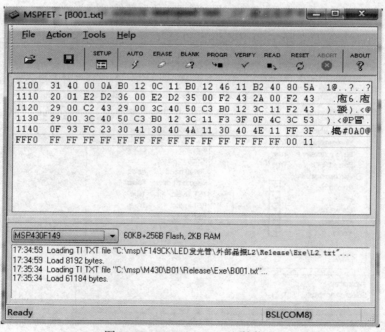

图 2-7 "B001. TXT" 文件信息

习题2

1. 使用基本赋值指令和用户延时函数，设计跑马灯控制程序。
2. 使用右移位赋值指令，实现高位依次向低位循环点亮的流水灯控制。
3. 控制 8 只 LED，LED8->LED1，LED1->LED8，循环绕圈点亮。
4. 应用 IAR 软件，仿真调试程序。

（1）认识 MSP430 单片机输入/输出口。

（2）学会设计输出控制程序。

（3）学会设计按键输入控制程序。

任务 4　LED 灯 输 出 控 制

一、MSP430 单片机的输入/输出端口

MSP430F149 单片机有 48 个输入/输出（I/O）端口，分别为 P1~P6 共 6 组 8 位端口，对应于芯片的 48 个 I/O 端口引脚，所有的 48 个 I/O 端口都是复用的，第一功能是数字通用 I/O 端口，复用功能可以是中断、定时/计数器、I²C、SPI、USART、模拟比较、输入捕捉等。

1. 输入/输出端口控制

MSP430 单片机共有 6 个 8 位 I/O 端口，P1 口到 P6 口，互补输出。P1 和 P2 口使用 7 个控制寄存器，而 P3、P4、P5 和 P6 口只用其中 4 个控制寄存器，最大限度提供了输入/输出的灵活性。

P1 口和 P2 口具有中断功能，每个 P1 口和 P2 口的中断均可以单独启用和配置，使其在输入信号的上升沿或下降沿产生中断。所有的 P1 输入/输出端口共用一个中断向量，所有的 P2 输入/输出端口共用另一个不同的中断向量。

通过设置每个寄存器可以实现以下功能。

（1）所有单独的 I/O 位都可以单独编程。

（2）允许任意组合输入/输出和中断条件。

（3）P1 和 P2 口的所有 8 个位全部可以做外中断处理。

（4）可以使用所有指令和所有寄存器进行读写。

七个控制寄存器分别为：①8 位输入寄存器，适用端口 P1 到 P6；②8 位输出寄存器，适用端口 P1 到 P6；③8 位方向寄存器，适用端口 P1 到 P6；④8 位中断边沿选择寄存器，适用端口 P1 和 P2；⑤8 位中断标志寄存器，适用端口 P1 和 P2；⑥8 位中断允许寄存器，适用端口 P1 和 P2；⑦8 位功能选择（用于端口或模块）寄存器，适用端口 P1 到 P6。

每个寄存器包含 8 位，有两个中断向量可供使用，一个通常用于 P1.0 到 P1.7 引脚中断事件，另一个通常用于 P2.0 到 P2.7 的中断事件。P3、P4、P5 和 P6 没有中断能力，其余功能同 P1 和 P2，可以实现输入/输出功能和外围模块功能。

2. I/O 端口相关寄存器

（1）PxDIR 端口数据方向寄存器。方向控制寄存器 PxDIR 用于控制 I/O 端口的输入/输出

方向，即控制 I/O 端口的工作方式为输出方式还是输入方式。

当 PxDIR=1 时，对应的 I/O 端口设置为输出工作方式。

当 PxDIR=0 时，对应的 I/O 端口设置为输入工作方式。

（2）PxOUT 端口输出寄存器。当 PxDIRn=1 时，对应的 I/O 端口处于输出工作方式。当 PxOUTn=1 时，该 I/O 引脚呈现高电平；而当 PxOUTn=0 时，该 I/O 引脚呈现低电平。

假如引脚的上拉/下拉电阻位被使能，PxOUT 寄存器的相应位则表示是选择上拉电阻还是选择下拉电阻。

PxOUTn=0，引脚为下拉。

PxOUTn=1，引脚为上拉。

（3）PINx 端口输入寄存器。当 PxDIR=0 时，该 I/O 端口处于输入工作方式。此时引脚寄存器 PINxn 中的数据就是外部引脚的实际电平值，通过读 I/O 端口指令可将物理引脚的真实数据读入单片机 MCU。

（4）PxREN 上拉下拉电阻使能寄存器。PxREN 为上拉下拉电阻使能寄存器，它的每一位可以使能或禁止相应的 I/O 引脚是上拉电阻还是下拉电阻。上拉禁止时对应下拉使能，反之亦然。

PxRENn=0：上拉电阻禁止。

PxRENn=1：上拉电阻使能。

（5）PxSEL 功能选择寄存器。PxSEL 寄存器为端口功能选择寄存器。I/O 引脚通常与其他外围模块形成多功能复用引脚。PxSEL 寄存器的每一位都可以来选择引脚是用作普通 I/O，还是其他外围模块功能。作为外围模块引脚功能时，可能还需要指明其方向。

PxSELn=0：输入/输出功能；

PxSELn=1：外围模块功能。

（6）P1 和 P2 中断控制寄存器。P1 和 P2 端口的每一个引脚都有中断功能，由 PxIFG 中断标志寄存器、PxIE 中断使能寄存器和 PxIES 中断沿选择寄存器设置。所有的 P1 引脚共用一个中断向量，所有的 P2 引脚共用另一个中断向量。中断是来自 P1 还是 P2 由 PxIFG 寄存器测试得出。

PxIE 中断使能寄存器用于设置 P1 还是 P2 每一位是否允许中断。

PxIEn=0：禁止中断。

PxIEn=1：允许中断。

中断标志寄存器 PxIFG 中的每一个位是相应 I/O 引脚中断标志，当某一个引脚有输入信号发生，中断标志位置 1。要想实现中断功能，需要先配置 PxIE 和 GIE 总中断。中断标志 PxIFG 标志必须由软件进行复位。

PxIFGn=0：无中断产生。

PxIFGn=1：有中断产生。

中断沿选择寄存器 PxIES，规定了何种电平跳变引起中断，PxIFG 标志被置位。

PxIESn=0：电平由低到高跳变时，产生中断。

PxIESn=1：电平由高到低跳变时，产生中断。

（7）I/O 端口使用注意。

1）使用 I/O 端口时，首先由 PxDIR 确定工作方式，确定其为输入还是输出。

2）当确定为输入时，由 PxREN 寄存器确定上拉、下拉电阻使能，由 PxOUT 确定上拉电阻还是下拉，并读取 PxINn 的数据，而不能用 PxOUT 当输入值。

3）一旦将 I/O 端口由输出工作方式转为输入工作方式后，必须等待一个时钟周期后，才能正确读到 PxINn 的值。

3. I/O 端口的使用

（1）外部驱动。

1）三极管驱动电路。单片机 I/O 输入/输出端口引脚本身的驱动能力有限，如果需要驱动较大功率的器件，可以采用单片机 I/O 引脚控制晶体管进行输出的方法。三极管驱动电路如图 3-1 所示，如果用弱上拉控制，建议加上拉电阻 R1，阻值为 3.3～10kΩ。如果不加上拉电阻 R1，建议 R2 的取值在 15kΩ 以上，或用强推挽输出。

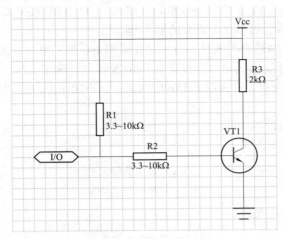

图 3-1　三极管驱动电路

2）二极管驱动电路。二极管驱动电路如图 3-2 所示。单片机 I/O 端口设置为弱上拉模式时，采用灌电流方式驱动发光二极管，如图 3-2（a）所示，I/O 端口设置为推挽输出驱动发光二极管，见图 3-2（b）。

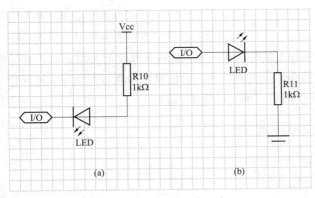

图 3-2　二极管驱动电路

实际使用时，应尽量采用灌电流驱动方式，而不要采用拉电流驱动，这样可以提高系统的负载能力和可靠性，只有在要求供电线路比较简单时，才采用拉电流驱动。

将 I/O 端口用于矩阵按键扫描电路时，需要外加限流电阻。因为实际工作时可能出现 2 个 I/O 端口均输出低电平的情况，并且在按键按下时短接在一起，这种情况对于 CMOS 电路时不允许的。在按键扫描电路中，一个端口为了读取另一个端口的状态，必须先将端口置为高电平才能进行读取，而单片机 I/O 端口的弱上拉模式在由"0"变为"1"时，会有 2 个时钟强推挽输出电流，输出到另外一个输出低电平的 I/O 端口。这样可能造成 I/O 端口的损坏。因此建议在按键扫描电路中的两侧各串联一个 300Ω 的限流电阻。

3）混合供电 I/O 端口的互联。混合供电 I/O 端口的互联时，可以采用电平移位方式转接。输出方采用开漏输出模式，连接一个 470Ω 保护电阻后，再通过连接一个 10kΩ 的电平转移电阻到转移电平电源，两个电阻的连接点可以接后级的 I/O。

单片机的典型工作电压为 5V，当它与 3V 器件连接时，为了防止 3V 器件承受不了 5V 电压，可将 5V 器件的 I/O 端口设置成开漏模式，断开内部上拉电阻。一个 470Ω 的限流电阻与 3V 器件的 I/O 端口相连，3V 器件的 I/O 端口外部加 10kΩ 电阻到 3V 器件的 Vcc，这样一来高电平是 3V，低电平是 0V，可以保证正常的输入/输出。

（2）基本操作。MSP430 单片机的 I/O 端口作通用 I/O 使用时，首先进行 I/O 配置，由 PxDIR 确定是输入还是输出，若为输入，接着由 PxREN 寄存器确定上拉、下拉电阻使能，由 PxOUT 确定上拉电阻还是下拉，并读取 PxINn 的数据，而不能用 PxOUT 当输入值。读取输入时，要读 PxINn 的值。

MSP430 单片机端口设置实例：

1）设置 I/O 口为输出方式。

```
P3DIR=0xFF;          //P3 口设置为输出
P3OUT=0x5A;          //P3 口输出为 0x5A
```

2）设置 I/O 口为输入方式。

```
P4DIR=0x00;          //P4 口设置为输入
P4REN=0xff;          //P4 口配置上拉、下拉使能
P4OUT=0xff;          //P4 口上拉
Y=P4IN;              //读取 P4 端口数据
```

3）设置 I/O 口为输入/输出方式。

```
P1DIR=0x0F;          //P1 口高 4 位设置为输入,低 4 位为输出
P1REN=0xF0;          //P1 口高 4 位配置上拉、下拉使能,低 4 位配置上拉、下拉禁止
```

（3）位操作。位操作包括与、或、非、异或、移位等按位逻辑运算操作，也包括对 I/O 单独置位、复位、取反等操作。利用 C 语言的位操作运算符可实现上述操作。

对 P1.2 单独置位、复位、取反操作示例如下。

1）P1.2 单独置位：

```
P1OUT |=(1<<2);
```

2）P1.2 单独复位：

```
P1OUT&=~(1<<2);
```

3）P1.2 单独取反：

```
P1OUT ^=(1<<2);
```

（4）宏定义的使用。在 C 语言中，宏定义可以将某些需反复使用程序书写变得简单，可以使反复进行的 I/O 操作变得容易。

对 P2.3 的高、低电平输出控制示例如下：

```
#define P23_h() P2OUT|=(1<<3)
#define P23_l() P2OUT&=~(1<<3)
//...
P2DIR|=(1<<3);
    for(i=0;i<6;i++)
    {if (y&0x80)
        P23_h();
    else
      P23_l();
      y<<=i;
    }
```

二、交叉闪烁 LED 灯输出控制

1. 交叉闪烁 LED 灯输出控制程序框图

交叉闪烁 LED 灯输出控制程序框图如图 3-3 所示。

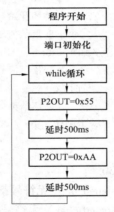

图 3-3   交叉闪烁 LED 灯输出控制程序框图

2. 交叉闪烁 LED 灯输出控制程序

```
#include "io430.h"              /* 预处理命令,用于包含头文件等*/
#define uChar8 unsigned char    //定义无符号字符型数据类型 uChar8
#define uInt16 unsigned int     //定义无符号整型数据类型 uInt16
/************************************************************
//函数名称:Delayus()
*********************************************************** /
void Delayus(uInt16  ValuS)
{
    while(ValuS--);
}
/************************************************************
//函数名称:Delayms()
*********************************************************** /
```

```
void Delayms(uInt16  ValMS)
{
    while(ValMS--)
    {
        Delayus(250);
    }
}
```

/** /

//函数名称:main()

//函数功能:实现 LED 灯交叉闪烁

/** /

```
int main(void)              /*主函数*/
{                           /*主函数开始*/
        P2DIR=0xff;         //P2.0~P2.7 为输出状态
        P2OUT=0xff;         //P2 为输出高电平,熄灭所有 LED
while(1)                    //While 循环
    {                       //While 循环开始
    P2OUT=0x55;             //P4OUT 变量赋值 0x55,点亮 LED0、2、4、6
    Delayms(500);           //延时 500ms
    P2OUT=0xAA;             //P4OUT 变量赋值 0xAA,点亮 LED1、3、5、7
    Delayms(500);           //延时 500ms
    }                       //While 循环结束
}                           /*主函数结束*/
```

3. 程序分析

使用预处理命令,包含头文件 io430. h。

使用 typedef 别名定义语句为 "unsigned int" 无符号整型变量取了一个别名 uInt16。

使用 typedef 别名定义语句为 "unsigned char" 无符号字符型变量取了一个别名 uChar8。

定义一个延时函数 Delayms( )。

在主函数中,使用赋值语句设置端口 P2 为输出,将 VCC 加到 LED 的阳极。P2OUT 赋初始值 0XFF,熄灭所有 LED 彩灯。

使用 While (1) 语句构建循环。

使用 P2OUT=0X55 语句,将 P2 端口赋值 0X55,即点亮 LED0、LED2、LED4、LED5。

使用 DelayMS (500) 语句,调用延时函数,延时一段时间。

使用 PP2OUT=0xAA 语句,将 P2 端口赋值 0xAA,即点亮 LED1、LED3、LED5、LED7。

使用 Delayms (500) 语句,调用延时函数,延时一段时间。

延时一段时间后,继续 While 循环。

 技能训练

一、训练目标

(1) 学会 I/O 端口的配置方法。

(2) 学会 8 只 LED 灯的交叉闪烁控制。

二、训练内容与步骤

1. 画控制流程图

画出 8 只 LED 灯的交叉闪烁控制流程图。

2. 建立一个工程

（1）在 E：\MSP430\M430 目录下，新建一个文件夹 C01。

（2）启动 IAR 软件。

（3）单击"Project"菜单下的"Create New Project"子菜单命令，弹出创建新工程的对话框。

（4）在"Project templates"工程模板中选择"C"（C 语言项目），展开后选择"main"。

（5）单击"OK"按钮，弹出保存项目对话框，在另存为对话框，输入工程文件名"C001"，单击"保存"按钮。

3. 编写程序文件

在 main 中输入 LED 灯交叉闪烁控制程序，单击工具栏的保存按钮💾，并保存文件。

4. 编译程序

（1）右键单击"C001_ Debug"项目，在弹出的菜单中执行的 Option 选项命令，弹出选项设置对话框。

（2）在"Target"目标元件选项页的"Device"器件配置下拉列表选项中选择"MSP430F149"。

（3）设置完成，单击"OK"按钮确认。

（4）单击"Project"工程下的"Make"编译所有文件，或工具栏的 Make 按钮🖵，编译所有项目文件。

（5）首次编译时，弹出保存工程管理空间对话框，在文件名栏输入"C001"，单击保存按钮，保存工程管理空间。

5. 生成 TXT 文件

（1）项目编译成功后，单击工程管理空间中的工作模式切换栏的下拉箭头，选择"Release"软件发布选项，将软件工作模式切换到发布状态。

（2）右键单击"C001_Debug"项目，在弹出的菜单中执行的 Option 选项命令，弹出选项设置对话框。

（3）选择"Linker"输出链接项目，单击"Output"输出选项页，勾选输出文件下的"Override default"覆盖默认复选框。

（4）单击"OK"按钮，完成生成 TXT 文件设置。

（5）再单击工具栏的 Make 按钮🖵，编译所有项目文件，生成 C001. TXT 文件。

6. 下载调试程序

（1）将 MSP430F149 开发板的 USB 端口与电脑 USB 连接。

（2）启动 MSP430 BSL 下载软件。

（3）单击"Tool"工具菜单下的"Setup"设置子菜单命令，设置下载参数，选择 USB 下载端口，单击"OK"按钮，完成下载参数设置。

（4）单击"File"文件菜单下的"Open"打开子菜单，弹出打开文件对话框，选择 C01 文件夹内的"Release"文件夹，打开文件夹，选择"C001. TXT"文件。

（5）单击"打开"按钮，打开文件。

（6）选择器件类型"MSP430F149"，单击"Auto"自动按钮，程序下载到 MSP430F149 开发板，观察与 P2.0 连接的 LED 指示灯状态变化。

（7）修改延时函数中参数，重新编译下载，观察与 P2.0 连接的 LED 指示灯状态变化。

任务 5　LED 数码管显示

💡 基础知识

一、LED 数码管硬件基础知识

1. LED 数码管工作原理

LED 数码管是一种半导体发光器件，也称半导体数码管，是将若干发光二极管按一定图形排列并封装在一起的最常用的数码管显示器件之一。LED 数码管具有发光显示清晰、响应速度快、省电、体积小、寿命长、耐冲击、易于各种驱动电路连接等优点，在各种数显仪器仪表及数字控制设备中得到广泛应用。

数码管按段数可分为 7 段数码管和 8 段数码管，8 段数码管比 7 段数码管多了一个发光二极管单元（多一个小数点显示），按能显示多少个"8"字可分为 1 位、2 位、3 位、4 位等。按接线方式，可分为共阳极数码管和共阴极数码管。共阳极数码管是指所有二极管的阳极接到一起，形成共阳极（COM）的数码管，共阳极数码管的 COM 接到 +5V，当某一字段发光二极管的阴极为低电平时，相应的字段就点亮。字段的阴极为高电平时，相应字段就不亮。共阴极数码是指所有二极管的阴极接到一起，形成共阴极（COM）的数码管，共阴极数码管的 COM 接到地线 GND 上，当某一字段发光二极管的阳极为高电平时，相应的字段就点亮，字段的阳极为低电平时，相应字段就不亮。

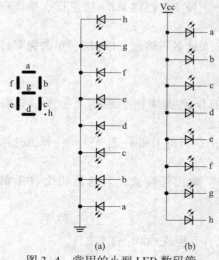

图 3-4　常用的小型 LED 数码管
（a）共阴极；（b）共阳极

2. LED 数码管的结构特点

目前，常用的小型 LED 数码管多为 8 字形数码管，内部由 8 个发光二极管组成，其中 7 个发光二极管（a~g）作为 7 段笔画组成 8 字结构（故也称 7 段 LED 数码管），剩下的 1 个发光二极管（h 或 dp）组成小数点，如图 3-4 所示。各发光二极管按照共阴极或共阳极的方法连接，即把所有发光二极管的负极或正极连接在一起，作为公共引脚。而每个发光二极管对应的正极或者负极分别作为独立引脚（称"笔段电极"），其引脚名称分别与图 3-4 中的发光二极管相对应。

3. 拉电流与灌电流

拉电流和灌电流是衡量电路输出驱动能力的参数，这种说法一般用在数字电路中。这是因为数字电路的输出只有高、低两种电平值（0、1），高电平输出时，一般是输出端对负载提供电流，其提供电流的数值叫"拉电流"；低电平输出时，一般是输出端要吸收负载的电流，其吸收电流的数值叫"灌（入）电流"。特别注意，拉、灌都是对输出端而言的，所以是驱动能力。这里首先要说明，芯片手册中的拉、灌电流是一个参数值，是芯片在实际电路中允许输出端拉、灌电流的上限值（所允许的最大值）。而这里讲的拉、灌电流则是电路中的实际值。

对于输入电流的器件而言，灌入电流和吸收电流都是输入的，灌入电流是被动的，吸收电流是主动的。如果外部电流通过芯片引脚向芯片内流入称为灌电流（被灌入），反之如果内部电流通过芯片引脚从芯片内流出称为拉电流（被拉出）。

4. 上拉电阻与下拉电阻

上拉电阻就是把不确定的信号通过一个电阻嵌位在高电平，此电阻还起到限流器件的作用。同理，下拉电阻是把不确定的信号嵌位在低电平上。

上拉就是将不确定的信号通过一个电阻嵌位在高电平，以此来给芯片引脚一个确定的电平，以免使芯片引脚悬空发生逻辑错乱。上拉可以加大输出引脚的驱动能力。

下拉就是将不确定的信号通过一个电阻嵌位在低电平，以此来给芯片引脚一个确定的电平，以免使芯片引脚悬空发生逻辑错乱。

上拉电阻与下拉电阻通常应用于下列场合。

（1）当 TTL 电路驱动 CMOS 电路时，如果 TTL 电路输出的高电平低于 CMOS 电路最低电平，这时就需要在 TTL 的输出端接上拉电阻，以提高输出高电平的值。

（2）OC 门电路必须加上拉电阻，以提高输出的高电平值。

（3）为加大输出引脚的驱动能力，有的单片机引脚上也常使用上拉电阻。

（4）芯片的引脚加上拉电阻来提高输出电平，从而提高芯片输入信号的噪声容限，以提高增强干扰能力。

（5）提高总线的抗电磁干扰能力，引脚悬空就比较容易接受外界的电磁干扰。

（6）长线传输中电阻不匹配容易引起反射波干扰，加下拉电阻是为了电阻匹配，从而有效抑制反射波干扰。

5. 单片机的输入/输出

单片机的拉电流比较小（100～200μA），灌电流比较大（最大是 25mA，但建议不超过 10mA），直接用来驱动数码管肯定是不行的，扩流电路是必需的。如果使用三极管来驱动，原理上是正确无误的，可是 MSP430F149 实验板上的单片机只有 48 个 I/O 端口，而板子又外接了好多器件，所以 I/O 端口不够用，需要想个两全其美的方法，既扩流又扩 I/O 端口。综合考虑之下，可选用 74HC573 锁存器来解决这两个问题。其实以后做工程时，若用到数码管，采用三极管、锁存器并不是最好方案，因为要靠 CPU 不断刷新来显示，而工程中 CPU 还有好多事要干，所以采用 74HC573 方案并不是最佳方案，若采用集成电路 IC，如 FD650、TA6932、TM1618 等，既具有数码管驱动功能，又具有按键扫描功能，想改变数据或者读取按键值时，只须操作该芯片就可以了，大大提高了 CPU 的利用效率。

采用 74HC573 方案的数码管驱动电路，如图 3-5 所示。PD0～PD7 分别接单片机的 P40～P47，U3 的 11 脚和 U11 的 11 脚分别连接单片机的 P66、P55，P55 用于位选，用于控制哪个数码管亮，P66 用于段选，用于某位数字显示。

对于 74HC573，形象地说，只需将其理解为一扇大门，并且这个门是单向的，其中第 11 引脚控制着门的开、关状态，高电平为大门敞开，低电平为大门关闭。D0～D7 为进，Q0～Q7 为出，详细可参考数据手册。

二、LED 数码管软件驱动

1. 数组

数组是一组有序数据的集合，数组中的每一个数据都属于同一种数据类型。C 语言中数组

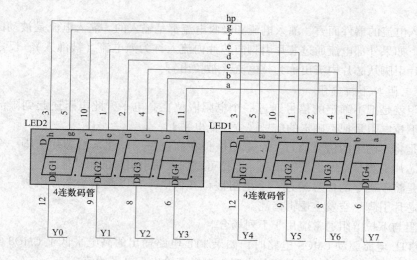

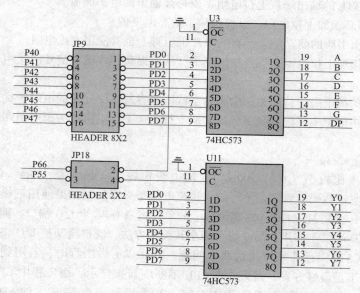

图 3-5 采用 74HC573 方案的数码管驱动电路

必须先定义，然后才能使用。

一维数组的定义形式如下：

数据类型　数组名[常量表达式];

其中，"数据类型"说明了数组中各个元素的类型。

"数组名"是整个数组的标识符，它的定名方法与变量的定名方法一样。

"常量表达式"说明了该数组的长度，即数组中的元素个数。常量表达式必须用方括号"[]"括起来。

下面是几个定义一维数组的例子：

```
char y[4];      /*定义字符型数组 y,它具有 4 个元素*/
int  x[6];      /*定义整型数组 x,它具有 6 个元素*/
```

二维数组的定义形式为：

数据类型　数组名[常量表达式 1][常量表达式 2]；

如 char z[3][3];定义了一个 3x3 的字符型数组。

需要说明的是，C 语言中数组的下标是从 0 开始的，比如对于数组 char y[4] 来说，其中的 4 个元素是 y[0]~y[3]，不存在元素 y[4]，这一点在引用数组元素应当加以注意。

用来存放字符数据的数组称为字符数组，字符数组中的每个元素都是一个字符。因此可用字符数组来存放不同长度的字符串，字符数组的定义方法与一般数组相同，如：

char str[7];　　/*定义最大长度为 6 个字符的字符数组*/

在定义字符数组时，应使数组长度大于它允许 str [7] 可存储一个长度≤6 的字符串。

为了测定字符串的实际长度，C 语言规定以 "\0" 作为字符串的结束标志，遇到 "\0" 就表示字符串结束，符号 "\0" 是一个表示 ASCII 码值为 0 的字符，它不是一个可显示字符，在这里仅起一个结束标志作用。

C 语言规定在引用数值数组时，只能逐个引用数组中的各个元素，而不能一次引用整个数组。但对于字符数组，即可以通过数组的元素逐个进行引用，也可以对整个数组进行引用。

2. 数码管驱动

想让 8 个数码管都亮 "1"，那该如何操作呢？要让 8 个都亮，那意味着位选全部选中。MSP430F149 开发板用的是共阴极数码管，要选中哪一位，只需给每个数码管对应的位选线上送低电平（若是共阳极，则给高电平）。那又如何亮 "1"？由于是共阴极数码管，所以段选高电平有效（即发光二极管阳极为 "1"，相应段点亮）；位 b、c 段亮，别的全灭，这时数码管显示 1。这样只需段码的输出端电平为 0b0000 0110（注意段选数在后）。同理，亮 "3" 的编码是 0x4f，亮 "7" 的编码是 0x7f。注意，给数码管的段选、位选数据都是由 P0 口给的，只是在不同的时间给的对象不同，并且给对象的数据也不同。

数码管驱动程序如下：

```
#include "io430.h"
#define P66H() P6OUT |=(1<<6)
#define P55L() P6OUT&=~(1<<6)
#define P55H() P5OUT |=(1<<5)
#define P55L() P5OUT&=~(1<<5)
void main(void)
{
    WDTCTL=WDTPW+WDTHOLD;            //关闭看门狗
    P6DIR|=BIT2;P6OUT|=BIT2;         //关闭电平转换
    P6DIR|=0x40;                     //设置 P66 为输出
    P5DIR|=0x20;                     //设置 P55 为输出
    P4DIR=0xff;                      //设置 P4 为输出
    P55H();                          //开位选大门
    P4OUT=0x00;                      //让位选数据通过(选中 6 位)
    P55L();                          //关位选大门
    P66H();                          //开段选大门
```

```
    P4OUT=0x06;                          //让段选数据通过,显示数字1
    P55L();                              //关段选大门
    while(1);                            //循环等待
}
```

3. 数码管静态显示

数码管静态显示是相对于动态显示来说的,即所有数码管在同一时刻都显示数据。

(1) 让 1 个数码管循环显示 0~9、A~F,间隔为 0.5s 的程序。

```
#include "io430.h"
#define uChar8 unsigned char                //uChar8 宏定义
#define uInt16 unsigned int                 //uInt16 宏定义
#define P66H() P6OUT |=(1<<6)
#define P66L() P6OUT&=~(1<<6)
#define P55H() P5OUT |=(1<<5)
#define P55L() P5OUT&=~(1<<5)
//数码管位选数组定义
uChar8  Disp_Tab[]={0x3f,0x06,0x5b,0x4f,0x66,0x6d,0x7d,0x07,0x7f,0x6f,0x77,
0x7c,0x39,0x5e,0x79,0x71};
/***************************************************************
//函数名称:Delayus()
*************************************************************** /
void Delayus(uInt16 ValuS)
{
      while(ValuS--);
}
/***************************************************************
//函数名称:Delayms()
*************************************************************** /
void Delayms(uInt16  ValMS)
{
    while(ValMS--)
     {
       Delayus(250);
     }
}
/***************************************************************
//主函数名称:main()
*************************************************************** /
void main(void)
{   unsigned char i;                     //定义内部变量 i
    WDTCTL=WDTPW+WDTHOLD;                 //关闭看门狗
    P6DIR |=BIT2;P6OUT |=BIT2;            //关闭电平转换
    P6DIR |=0x40;                         //设置 P66 为输出
    P5DIR |=0x20;                         //设置 P55 为输出
```

```
    P4DIR=0xff;                            //设置 P4 为输出
    P4OUT=0xFF;
    P55H();                                //位选开
    P4OUT=0xfe;                            //送入位选数据
    P55L();                                //位选关
    while(1)                               //while 循环
    {                                      //while 循环开始
        for(i=0;i < 16;i++)                //for 循环
        {                                  //for 循环开始
            P66H();                        //段选开
            P4OUT=Disp_Tab[i];             //送入段选数据
            P66L();                        //段选关
            Delayms(500);                  //延时
        }                                  //for 循环结束
    }                                      //while 循环结束
}
```

（2）程序分析。程序第 4 行、第 5 行，段选高、低电平定义，定义段选信号为 P66。第 6 行、第 7 行，位选定义，定义位选信号为 P55。

第 9 行定义了一个数组，总共 16 个元素，分别是 0~9 这 10 个数字和 A~F 这 6 个英文字符的编码。例如要亮 0，意味着 g、h 灭（低电平），a、b、c、d、e、f 亮（高电平），对应的二进制数为 0b0011 1111，这就是数组的第一个元素 0x3f 了，其他同理；

第 12 行~第 28 行，定义延时函数。

在主函数中，首先定义内部变量，关闭看门狗，关闭电平转换。

接着进行端口初始化，P66、P55、P4 口设置为输出，P4 口输出为高电平。

第 3 步是开位选信号，传位选数据，关位选信号。

然后用 for 循环，循环开段选，送段选数据，关段选信号，延时一段时间，完成 0~9 和 A~F 数码的显示。

4. 数码管动态显示

所谓动态扫描显示描，实际上是轮流点亮数码管，某一个时刻内有且只有一个数码管是亮的，由于人眼的视觉暂留现象（也即余辉效应），当这 8 个数码管扫描的速度足够快时，给人感觉是这 8 个数码管是同时亮了。例如要动态显示 01234567，显示过程就是先让第一个显示 0，过一会（小于某个时间），接着让第二个显示 1，依次类推，让 8 个数码管分别显示 0~7，由于刷新的速度太快，给大家感觉是都在亮，实质上，看上去的这个时刻点上只有一个数码管在显示，其他 7 个都是灭的。接下来以一个实例来演示动态扫描的过程，以下是常见的动态扫描程序代码。

```
#include "io430.h"
#define uChar8 unsigned char                //uChar8 宏定义
#define uInt16 unsigned int                 //uInt16 宏定义
#define P66H() P6OUT |=(1<<6)
#define P66L() P6OUT& =~(1<<6)
#define P55H() P5OUT |=(1<<5)
#define P55L() P5OUT& =~(1<<5)
```

```
uChar8  Bit_Tab[]={0xfe,0xfd,0xfb,0xf7,0xef,0xdf};    //位选数组
uChar8  Disp_Tab[]={0x3f,0x06,0x5b,0x4f,0x66,0x6d};  //0~5数字数组
/*****************************************************************
//函数名称:Delay()
***************************************************************** /
void Delay(uInt16  ValuS)
{
      while(ValuS--);
}
/*****************************************************************
//函数名称:Delayms()
***************************************************************** /
void Delayms(uInt16  ValMS)
{
   while(ValMS--)
    {
      Delay(250);
    }
}
/*****************************************************************
//主函数名称:main()
***************************************************************** /
void main(void)
{
    uChar8 i;                                      //定义内部变量 I
     WDTCTL=WDTPW+WDTHOLD;                          //关闭看门狗
      P6DIR |=BIT2;P6OUT |=BIT2;                     //关闭电平转换
    P6DIR |=0x40;                                  //设置 P66 为输出
    P5DIR |=0x20;                                  //设置 P55 为输出
    P4DIR=0xff;                                    //设置 P4 为输出
    P4OUT=0xFF;
    while(1)
    {
      for (i=0;i <5;i++)
      {
         P55H();                                   //位选开
         P4OUT=Bit_Tab[i];                         //送入位选数据
         P55L();                                   //位选关
         P66H();                                   //段选开
         P4OUT=Disp_Tab[i];                        //送入段选数据
         P55L();                                   //段选关
         Delay(30);                                //延迟,就是两个数码管之间显
                                                   //  示的时间差
      }
```

```
        }
    }
```

程序分析：

程序第 8 行、第 9 行定义了动态显示的两个数组，一个是位选数组 Bit_Tab［］，另一个是段选数组 Disp_Tab［］，并将代码存储于程序存储区。

程序第 46 行的延时函数中的延时参数是 "30"，读者可以手动修改延时参数来查看效果，具体操作：打开 IAR，编写该实例代码，将延时函数的延时参数修改后重新编译、下载后看现象。将延时参数改成 800，可以看到流水般的数字显示；将延时参数改成 100，则可以看到稳定的数字显示；将延时参数改成 50，可以看到静止的数字显示。

 技能训练

一、训练目标

（1）学会数码管的静态驱动。
（2）学会数码管的动态驱动。

二、训练内容与步骤

1. 建立一个工程

（1）在 E:\MSP430\M430 目录下，新建一个文件夹 C02。
（2）启动 IAR 软件。
（3）单击 "Project" 菜单下的 "Create New Project" 子菜单，弹出创建新工程的对话框。
（4）在 "Project templates" 工程模板中选择 "C" 语言项目，展开 C，选择 "main"。
（5）单击 "OK" 按钮，弹出保存项目对话框，在另存为对话框，输入工程文件名 "C002"，单击 "保存" 按钮。

2. 编写程序文件

在 main 中输入 "数码管的静态显示" 控制程序，单击工具栏的保存按钮，保存文件。

3. 编译程序

（1）右键单击 "C002_Debug" 项目，在弹出的菜单中选择 "Option" 选项，弹出选项设置对话框。
（2）在 "Target" 目标元件选项页的 "Device" 器件配置下拉列表选项中选择 "MSP430F149"。
（3）设置完成，单击 "OK" 按钮确认。
（4）单击 "Project" 工程下的 "Make" 编译所有文件，或工具栏的 Make 按钮，编译所有项目文件。
（5）首次编译时，弹出保存工程管理空间对话框，在文件名栏输入 "C002"，单击保存按钮，保存工程管理空间。
（6）查看编译结果，更改程序错误，直到错误、警告为零。

4. 生成 TXT 文件

（1）项目编译成功后，单击工程管理空间中的工作模式切换栏的下拉箭头，选择 "Release" 软件发布选项，将软件工作模式切换到发布状态。

（2）右键单击"C002_Debug"项目，在弹出的菜单中执行的 Option 选项命令，弹出选项设置对话框。

（3）选择"Linker"输出链接项目，单击"Output"输出选项页，勾选输出文件下的"Override default"覆盖默认复选框。

（4）单击"OK"按钮，完成生成 TXT 文件设置。

（5）再单击工具栏的 Make 按钮💾，编译所有项目文件，生成 C001. TXT 文件。

5. 下载调试程序

（1）将 MSP430F149 开发板的 USB 端口与电脑 USB 连接。

（2）启动 MSP430 BSL 下载软件。

（3）单击"Tool"工具菜单下的"Setup"设置子菜单命令，设置下载参数，选择 USB 下载端口，单击"OK"按钮，完成下载参数设置。

（4）单击"File"文件菜单下的"Open"打开子菜单，弹出打开文件对话框，选择 C02 文件夹内的"Release"文件夹，打开文件夹，选择"C002. TXT"文件。

（5）单击"打开"按钮，打开文件。

（6）选择器件类型"MSP430F149"，单击"Auto"自动按钮，程序下载到 MSP430F149 开发板，观察与 P4 连接的数码管状态变化。

（7）修改"P4OUT=0xfe; //送入位选数据"中的位选数据，让其他数码管显示数据。

6. 数码管动态显示

（1）新建工程。

1）在 E：\MSP430\M430 目录下，新建一个文件夹"C03"。

2）启动 IAR 软件。

3）选择"Project"菜单下的"Create New Project"子菜单，弹出创建新工程的对话框。

4）在"Project templates"工程模板中选择"C"语言项目，展开 C，选择"main"。

5）单击"OK"按钮，弹出保存项目对话框，在另存为对话框，输入工程文件名"C003"，单击"保存"按钮。

（2）编写程序文件。在 main 中输入"数码管的动态显示"控制程序，单击工具栏的保存按钮🖫，保存文件。

（3）编译程序。

（4）生成 TXT 文件。

（5）下载调试程序。

1）启动 MSP430 BSL 下载软件。

2）单击"Tool"工具菜单下的"Setup"设置子菜单命令，设置下载参数，选择 USB 下载端口，单击"OK"按钮，完成下载参数设置。

3）选择"File"文件菜单下的"Open"打开子菜单命令，弹出打开文件对话框，选择 C03 文件夹内的"Release"文件夹，打开文件夹，选择"C003. TXT"文件。

4）单击"打开"按钮，打开文件。

5）选择器件类型"MSP430F149"，单击"Auto"自动按钮，程序下载到 MSP430F149 开发板，观察与 P4 口连接的数码管状态变化。

6）修改延时函数中参数，观察与 P4 口连接的数码管状态变化。

任务 6 按 键 控 制

一、独立按键控制

1. 键盘分类

键盘按是否编码可分为编码键盘和非编码键盘。编码键盘上闭合键的识别由专用的硬件编码实现，并产生键编码号或键值，如计算机键盘；非编码键盘则靠软件编程来识别。单片机组成的各种系统中，用得最多的是非编码键盘，也有用到编码键盘的。非编码键盘又分为独立键盘和行列式（又称为矩阵式）键盘。

（1）独立键盘。独立键盘的每个按键单独占用一个 I/O 端口，I/O 端口的高低电平反映了对应按键的状态。独立按键的状态：键未按下，对应端口为高电平；按下键，对应端口为低电平。

独立键盘的识别流程为：①查询是否有按键按下；②查询是哪个按下；③执行按下键的相应键处理。

现以 MSP430F149 实验板上的独立按键为例，简述 4 个按键的检测流程。独立键盘的 4 个按键电路如图 3-6 所示。4 个按键分别连接在单片机的 P1.0、P1.1、P1.2、P1.3 端口上，按流程检测是否有按键按下，就是读取该 4 个端口的状态值，若 4 个口都为高电平，说明没有按键按下；若其中某个端口的状态值变为低电平（0V），说明此端口对应的按键被按下，之后就是处理该按键按下的具体操作。

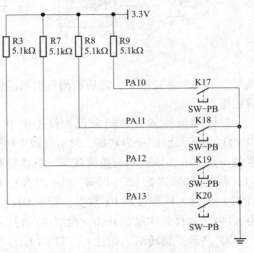

图 3-6 独立键盘的 4 个按键电路

（2）矩阵按键。在键盘中按键数量较多时，为了减少 I/O 口的占用，通常将按键排列成矩阵形式，即每条水平线和垂直线在交叉处不直接连通，而是通过一个按键加以连接，这样的设计方法在硬件上节省 I/O 端口，可是在软件上会变得比较复杂。

矩阵按键电路如图 3-7 所示。

MSP430F149 实验板上用的是 2 脚的轻触式按键，原理就是按下导通，松开则断开，矩阵按键与单片机的 P1 口连接。

（3）矩阵按键的软件处理。矩阵按键一般有行扫描法和高低电平翻转法两种检测法。介绍之前，先说说一种关系，假如做这样一个电路，将 P10、P11、P12、P13 分别与 P14、P15、P16、P17 用导线相连，此时如果给 P1 口赋值 0xef，那么读到的值就为 0xee。这是一种线与的关系，即 P10 的 "1" 与 P14 的 "0" 进行 "与" 运算，结果为 "0"，因此 P10 也会变成 "0"。

1）行扫描法。行扫描法就是先给 4 行中的某一行低电平，别的全给高电平，之后检测列所对应的端口，若都为高，则没有按键按下；相反则有按键按下。也可以给 4 列中某一列为低

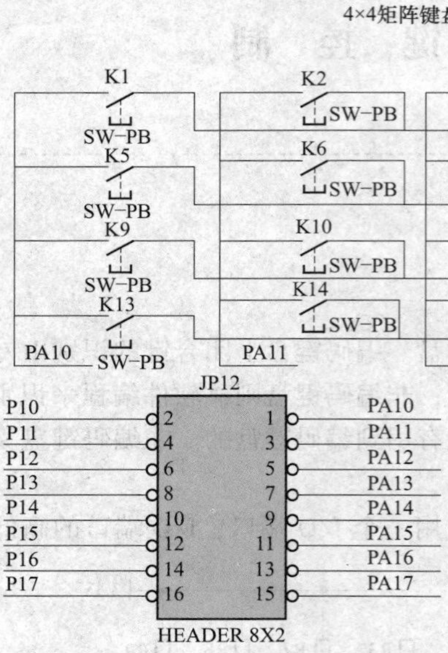

4×4矩阵键盘扫描电路图

图 3-7　矩阵按键电路

电平，别的全给高电平，之后检测行所对应的端口，若都为高，则表明没有按键按下，相反则有按键按下。

　　具体如何检测，举例来说，首先给 P1 口赋值 0xfe（0b1111 1110），这样只有第一行（P10）为低，别的全为则高，之后读取 P1 的状态，若 P1 口电平还是 0xfe，则没有按键按下，若值不是 0xfe，则说明有按键按下。具体是哪个，则由此时读到值决定，值为 0xee，则表明是 K1，若是 0xde 则是 K5（同理 0xbe 为 K9、0x7e 为 K13）；之后给 P1 赋值 0xfd，这样第二行（P11）为低，同理读取 P1 数据，若为 0xed 则 K2 按下（同理 0xdd 为 K6，0xbd 为 K10，0x7d 为 K14）。这样依次赋值 0xfb，检测第三行。赋值 0xf7，检测第四行。

　　2）高低平翻转法。先让 P1 口高 4 位为 1，低 4 位为 0。若有按键按下，则高 4 位有一个转为 0，低 4 位不会变，此时即可确定被按下的键的列位置。然后让 P1 口高 4 位为 0，低 4 位为 1。若有按键按下，则低 4 位中会有一个 1 翻转为 0，高 4 位不会变，此时可确定被按下的键的行位置。最后将两次读到的数值进行或运算，从而可确定哪个键被按下了。

　　举例说明。首先给 P1 口赋值 0xf0，接着读取 P1 口的状态值，若读到值为 0xe0，表明第一列有按键按下；接着给 P1 口赋值 0x0f，并读取 P1 口的状态值，若为 0x0e，则表明第一行有按键按下，最后把 0xe0 和 0x0e 按位或运应的值也是 0xee。这样，可确定被按下的键是 K1，与第一种检测方法对应的检测值 0xee 对应。虽然检测方法不同，但检测结果是一致的。

　　最后总结一下矩阵按键的检测过程：赋值（有规律）→读值（高低电平检测法还需要运算）→判值（由值确定按键）。

　　2. 按键消抖的基本原理

　　通常的按键所用开关为机械弹性开关，由于机械触点的弹性作用，一个按键合时，不会马上稳定地接通，断开时也不会立即断开。按键按下时会有抖动，也就是说，只按一次按键，可实际产生的按下次数却是多次的，因而在闭合和断开的瞬间，均伴有一连串的抖动。

　　为了避免按键抖动现象所采取的措施，就是按键消抖。消抖的方法包括硬件消抖和软件消抖。

（1）硬件消抖。在键数较少时可采用硬件方法消抖，即用 RS 触发器来消抖。通过两个与非门构成一个 RS 触发器，当按键未按下时，输出 1；当按键按下时，输出为 0。除了采用 RS 触发器消抖电路外，有时也可采用 RC 消抖电路。

（2）软件消抖。如果按键较多，常用软件方法去抖，即检测到有按键按下时执行一段延时程序，具体延时时间依机械性能而定，常用的延时间是 5～20ms，即按键抖动这段时间不进行检测，等到按键稳定时再读取状态；若仍然为闭合状态电平，则认为真有按键按下。

二、C 语言编程规范

1. 程序排版

（1）程序块要采用缩进风格编写，缩进的空格数为 4 个。说明：对于由开发工具自动生成的代码可以有不一致。本书采用程序块缩进 4 个空格的方式来编写。

（2）相对独立的程序块之间、变量说明之后必须加空行。由于篇幅所限，本书将所有的空格省略掉了。

（3）不允许把多个短语句写在一行中，即一行只写一条语句。同样为了压缩篇幅，本书将一些短小精悍的语句放到了同一行，但不建议读者这样做。

（4）if、for、do、while、case、default 等语句各自占一行，且执行语句部分无论多少都要加括号 ｛｝。

2. 程序注释

注释是程序可读性和可维护性的基石，如果不能在代码上做到顾名思义，那么就需要在注释上下大功夫。

注释的基本要求，现总结以下几点：

（1）一般情况下，源程序有效注释量必须在 20% 以上。注释的原则是有助于对程序的阅读理解，在该加的地方都必须加，注释不宜太多但也不能太少，注释语言必须准确、易懂、简洁。

（2）注释的内容要清楚、明了，含义准确，防止注释的二义性。错误的注释不但无益反而有害。

（3）边写代码边注释，修改代码同时修改注释，以保证注释与代码的一致性。不再有用的注释要删除。

（4）对于所有具有物理含义的变量、常量，如果其命名起不到注释的作用，那么在声明时必须加以注释来说明物理含义。变量、常量、宏的注释应放在其上方相邻位置或右方。

（5）一目了然的语句不加注释。

（6）全局数据（变量、常量定义等）必须要加注释，并且要详细，包括对其功能、取值范围、哪些函数或过程存取它以及存取时该注意的事项等。

（7）在代码的功能、意图层次上进行注释，提供有用、额外的信息。注释的目的是解释代码的目的、功能和采用的方法，提供代码以外的信息，帮助读者理解代码，防止没必要的重复注释。

（8）对一系列的数字编号给出注释，尤其在编写底层驱动程序的时候（比如引脚编号）。

（9）注释格式尽量统一，建议使用 "/ * …… */"。

（10）注释应考虑程序易读及外观排版的因素，使用的语言若是中英文兼有，建议多使用中文，因为注释语言不统一，影响程序易读性和外观排版。

3. 变量命名规则

变量的命名好坏与程序的好坏没有直接关系。变量命名规范，可以写出简洁、易懂、结构严谨、功能强大的好程序。

（1）命名的分类。变量的命名主要有两大类，驼峰命名法、匈牙利命名法。任何一个命名都应该尽量做到简单明了且信息丰富，能够让人"望文生义"。

1）驼峰命名法。该方法是电脑程序编写时的一套命名规则（惯例）。程序员们为了自己的代码能更容易在同行之间交流，所以才采取统一的、可读性强的命名方式。例如：有些程序员喜欢全部小写，有些程序员喜欢用下划线，所以写一个 my name 的变量，一般写法有 myname、my_name、MyName 或 myName。这样的命名规则不适合所有的程序员阅读，而利用驼峰命名法来表示则可以增加程序的可读性。

驼峰命名法就是当变量名或函数名由一个或多个单字连接在一起而构成识别字时，第一个单字以小写开始，第二个单字开始首字母大写，这种方法统称为"小驼峰式命名法"，如 my-FirstName；或每一个单字的首字母大写，这种命名称为"大驼峰式命名法"，如 MyFirstName。

这样命名，看上去就像驼峰一样此起彼伏，由此得名。驼峰命名法可以视为一种惯例，并无强制，只是为了增加可读性和可识别性。

2）匈牙利命名法。匈牙利命名法的基本规则是：变量名=属性+对象描述，其中每一个对象的名称都要求有明确含义，可以取对象的全名或名字的一部分。命名要基于容易识别、记忆的原则，保证名字的连贯性是非常重要的。

全局变量用 g_开头，如一个全局长整型变量定义为 g_lFirstName。

静态变量用 s_开头，如一个静态字符型变量定义为 s_cSecondName。

成员变量用 m_开头，如一个长整型成员变量定义为 m_lSixName。

对象描述采用英文单字或其组合，不允许使用拼音。程序中的英文单词不要太复杂，用词应准确。英文单词尽量不要缩写，特别是非常有的单词。用缩写时，在同一系统中对同一单词必须使用相同的表示法，并注明其含义。

（2）命名的补充规则。

1）变量命名使用名词性词组，函数使用动词性词组。

2）所有的宏定义、枚举常数、只读变量全用大写字母命名。

4. 宏定义

宏定义在单片机编程中经常用到，而且几乎是必然要用到的，C语言中宏定义很重要，使用宏定义可以防止出错，提高可移植性，可读性，方便性等。

C语言中常用宏定义来简化程序的书写，宏定义使用关键字 define，一般格式为：

```
#define   宏定义名称   数据类型
```

其中，"宏定义名称"为代替后续的数据类型而设置的标识符，"数据类型"为宏定义将取代的数据标识，如：

```
#define   uChar8 unsigned char
```

在编写程序时，写 unsigned char 明显比写 uChar8 麻烦，所以用宏定义给 unsigned char 来了一个简写的为的方法 uChar8，当程序运行中遇到 uChar8 时，则用 unsigned char 代替，这样就简化了程序编写。

5. 数据类型的重定义

数据类型的重定义使用关键字 typedef，定义方法如下：

```
typedef 已有的数据类型  新的数据类型名;
```

其中"已有的数据类型"是指 C 语言中所有的数据类型,包括结构、指针和数组等,"新的数据类型名"可按用户自己的习惯或根据任务需要决定。关键字 typedef 的作用只是将 C 语言中已有的数据类型做了置换,因此可用置换后的新数据类型的定义。

```
typedef int word;  /*定义 word 为新的整型数据类型名*/
word i,j;           /*将 i,j 定义为 int 型变量*/
```

例子中,先用关键字 typedef 将 word 定义为新的整型数据类型,定义的过程实际上是用 word 置换了 int,因此下面就可以直接用 word 对变量 i、j 进行定义,而此时 word 等效于 int,所以 i、j 被定义成整型变量。

一般而言,用 typedef 定义的新数据类型用大一般而言,用 typedef 定义的新数据类型用大写字母中原有的数据类相区别。另外还要注意,用 typedef 可以定义各种新的但不能直接用来定义变量,只是对已有的数据类型做了一个名字上的置换,并没有创造出一个新的数据类型。

采用 typedef 来重新定义数据类型有利程序的移植,同时还可以简化较长的数据类型定义,如结构数据类型。在采用多模块程序设计时,如果不同的模块程序源文件中用到同一类型时(尤其是数组、指针、结构、联合等复杂数据类型),经常用 typedef 将这些数据类型重新定义,并放到一个单独的文件中,需要时再用预处理#include 将它们包含进来。

6. 枚举变量

枚举就是通过举例的方式将变量的可能值一一列举出来定义变量的方式,定义枚举型变量的格式如下:

enum 枚举名{枚举值列表}变量表列;

也可以将枚举定义和说明分两行写,即:

enum 枚举名{枚举值列表};
enum 枚举名 变量表列;

如:

```
enum day{Sun,Mon,Tue,Wed,Thu,Fri,Sat};d1,d2,d3;
```

在枚举列表中,每一项代表一个整数值。默认情况下,第一项取值 0,第二项取值 1,依次类推。也可以初始化指定某些项的符号值,某项符号值初始化以后,该项后续各项符号值依次递增加一。

三、按键处理程序

1. 独立按键控制 LED 灯程序

(1) 控制要求。按下 MSP430F149 单片机开发板上的 KEY1 键,则 LED1 亮,按下 KEY2 键,则 LED1 灭。

(2) 控制程序。

1) 控制程序如下:

```
#include "io430.h"
#define uChar8 unsigned char        //uChar8 宏定义
#define uInt16 unsigned int         //uInt16 宏定义
/************************************************************
```

```
//函数名称:Delay()
********************************************************** /
void Delay(uInt16  ValuS)
{
        while(ValuS--);
}
/*************************************************************
//函数名称:Delayms()
********************************************************** /
void Delayms(uInt16  ValMS)
{
    while(ValMS--)
     {
        Delay(250);
     }
}
/********************************************************* /
//主函数 main()
/********************************************************* /
void main(void)
{
        WDTCTL=WDTPW+WDTHOLD;           //关闭看门狗
        P6DIR|=BIT2;P6OUT|=BIT2;        //关闭电平转换
        P2DIR=0xff;                     //P2.0~P2.7 为输出状态
        P2OUT=0xff;                     //P2 为输出高电平,熄灭所有 LED
        P1DIR=0xf0;                     //P1 高 4 位设置为输出,低 4 位设置为输入
        P1OUT=0xff;                     //P1 输出高电平
    while(1)                            //while 循环
    {
     if(0xfe==P1IN)                     //判断 KEY1 按下
       {
        Delayms(5);                     //延时去抖
        if(0xfe==P1IN)                  //再次判断 KEY1 按下
        {
        P2OUT=0xfe;                     //点亮 LED1
        while(P1IN!=0xfe);              //等待 KEY1 弹起
        }
       }
     if(0xfd==P1IN)                     //判断 KEY2 按下
       {
        Delayms(5);                     //延时去抖
        if(0xfd==P1IN)                  //再次判断 KEY2 按下
        {
        P2OUT=0xff;                     //熄灭 LED1
```

```
        while(P1IN!=0xfd);              //等待 KEY2 弹起
     }
   }

  }                                     //while 循环结束
}
```

2）程序分析。程序使用 if 语句对 KEY1 按键是否按下进行判别，当 KEY1 按下时，if(0xfe == P1IN) 语句满足条件，执行其下面的程序语句，延时 5ms 后，重新检测按键 KEY1 是否按下，按下则点亮 LED1。

程序使用 if 语句对 KEY2 按键是否按下进行判别，当 KEY2 按下时，if(0xfd == P1IN) 语句满足条件，执行其下面的程序语句，延时 5ms 后，重新检测按键 S2 是否按下，按下则熄灭 LED1。

（3）应用扫描按键处理的控制程序。

1）控制程序如下：

```
#include "io430.h"
#define uChar8 unsigned char        //uChar8 宏定义
#define uInt16 unsigned int         //uInt16 宏定义
uChar8 KeyResult;
/**************************************************************
//函数名称:Delay()
*************************************************************** /
void Delay(uInt16  ValuS)
{
      while(ValuS--);
}
/**************************************************************
//函数名称:Delayms()
*************************************************************** /
void Delayms(uInt16  ValMS)
{
   while(ValMS--)
    {
      Delay(250);
    }
}
/********************************************************* /
//键盘按下判断函数  Key_Press()
/********************************************************* /
unsigned char Key_Press()
{
    unsigned char KeyRead;
      P1DIR=0xf0;                       //P1.0 ~ P1.3 为输入状态,P1.4 ~ P1.7 为输
                                        出状态
```

```
        P1OUT=0x0f;                          //P1.4~P1.7 输出低电平
        KeyRead=P1IN;                        //读取 P1 口的值
        KeyRead&=0x0f;                       //屏蔽高四位

    if(KeyRead!=0x0f) return 1;
    else return 0;
}
/********************************************************* /
//键盘扫描函数 Key_Scan()
/********************************************************* /
void Key_Scan()
{
    unsigned char KeyRead;

    if(Key_Press())                          //如果按下键盘
    {
        Delayms(10);                         //消抖
        P1DIR=0xf0;                          //P1.0~P1.3 为输入状态,P1.4~P1.7 为输
                                             //  出状态
        P1OUT=0x0f;                          //P1.4~P1.7 输出低电平
        KeyRead=P1IN;                        //读取 P1 口的值
        KeyRead&=0x0f;                       //屏蔽高四位
        switch(KeyRead)                      //哪个键盘被按下了
        {
        case 0x0e:KeyResult=1;break;         //第 1 列的键盘被按下
            case 0x0d:KeyResult=2;break;     //第二列的键盘被按下
            case 0x0b:KeyResult=3;break;     //第三列的键盘被按下
            case 0x07:KeyResult=4;break;     //第四列的键盘被按下
        }
    }
}
/********************************************************* /
//主函数 main()
/********************************************************* /
void main(void)
{
    WDTCTL=WDTPW+WDTHOLD;                     //关闭看门狗
    P6DIR |=BIT2;P6OUT |=BIT2;                //关闭电平转换
    P2DIR=0xff;                               //P2.0~P2.7 为输出状态
    P2OUT=0xff;                               //P2 输出高电平,熄灭所有 LED
    while(1)                                  //while 循环
    {
    Key_Scan();                               //while 循环开始
        switch (KeyResult)
```

```
        {
        case 1:   P2OUT=0xfe;break;
        case 2:   P2OUT=0xff;break;
    default:break;
        }
    }                                        //while 循环结束
}
```

2）程序分析。程序设计了键盘按下判断函数 Key_Press（）和按键扫描函数 Key_Scan（），在按键扫描中调用键盘按下判断函数，如果有键按下，延时去抖后，再读取 P1IN 的数据，通过 switch 语句，根据 P1IN 的数据不同，返回不同的按键结果值 KeyResult。

在主程序中，首先进行端口初始化，然后执行 wihle 循环，扫描键盘，根据不同的键值，确定 LED1 的亮灭。

2. 矩阵按键控制程序

（1）矩阵按键控制要求。分别按下 4 行 4 列 16 个矩形阵列按键时，第 1 位数码管依次显示 0~9、A~F。

（2）矩形按键控制程序及其分析。

1）控制程序。

```
#include "io430.h"
#define uChar8 unsigned char                  //uChar8 宏定义
#define uInt16 unsigned int                   //uInt16 宏定义
#define P66H() P6OUT|=(1<<6)                   //段选开
#define P66L() P6OUT&=~(1<<6)                  //段选关
#define P55H() P5OUT|=(1<<5)                   //位选开
#define P55L() P5OUT&=~(1<<5)                  //位选关
uChar8 KeyResult;                             //全局变量定义
/****************************************************/
//数码管位选数组定义 Disp_Tab[]
/****************************************************/
uChar8  Disp_Tab[]=
{0x3f,0x06,0x5b,0x4f,0x66,0x6d,0x7d,0x07,0x7f,0x6f,0x77,0x7c,0x39,0x5e,
0x79,0x71};
void Delay(uInt16  ValuS);
void Delayms(uInt16 ValMS);
uChar8 Key_Press();
void Key_Scan();
/****************************************************/
//主函数  main()
/****************************************************/
void main(void)
{
        WDTCTL=WDTPW+WDTHOLD;                        //关闭看门狗
        P6DIR|=BIT2;P6OUT|=BIT2;                     //关闭电平转换
        P6DIR|=0x40;                                 //设置 P66 为输出
```

```
        P5DIR|=0x20;                            //设置 P55 为输出
        P4DIR=0xff;                             //设置 P4 为输出
        P1DIR=0xf0;                             //P1.0~P1.3 为输入状态,P1.4~
                                                  P1.7 为输出状态

        P4OUT=0xFF;
        P55H();                                 //位选开
        P4OUT=0xfe;                             //送入位选数据
        P55L();                                 //位选关
    while(1)                                    //while 循环
    {
        Key_Scan();                             //while 循环开始
        P66H();                                 //段选开
        P4OUT=Disp_Tab[KeyResult];              //送入段选数据
        P55L();                                 //段选关
        DelayMS(5);                             //延时

    }                                           //while 循环结束
}
/***************************************************************
//函数名称:Delay()
****************************************************************/
void Delay(uInt16  ValuS)
{
        while(ValuS--);
}
/***************************************************************
//函数名称:Delayms()
****************************************************************/
void Delayms(uInt16  ValMS)
{
    while(ValMS--)
    {
        Delay(250);
    }
}
/*********************************************************** /
//键盘按下判断函数  Key_Press()
/*********************************************************** /
unsigned char Key_Press()
{
    unsigned char KeyRead;
        P1DIR=0xf0;                             //P1.0~P1.3 为输入状态,P1.4~
                                                  P1.7 为输出状态

        P1OUT=0x0f;                             //P1.4~P1.7 输出低电平
```

```
    KeyRead=P1IN;                              //读取 P1 口的值
    KeyRead&=0x0f;                             //屏蔽高四位

  if(KeyRead!=0x0f) return 1;
  else return 0;
}
/*********************************************************/
//键盘扫描函数   Key_Scan()
/*********************************************************/
void Key_Scan()
{
    uChar8 KeyRead;

    if(Key_Press())                            //如果按下键盘
    {
        Delayms(10);                           //消抖
        P1OUT=0xef;
        KeyRead=P1IN;                          //读取 P1 口的值
        switch(KeyRead)                        //哪个键盘被按下了
        {
            case 0xee:KeyResult=0;break;       //(1,1)
            case 0xed:KeyResult=1;break;       //(1,2)
            case 0xeb:KeyResult=2;break;       //(1,3)
            case 0xe7:KeyResult=3;break;       //(1,4)
        }
        P1OUT=0xdf;                            //P1.5 输出低电平
        KeyRead=P1IN;                          //读取 P1 口的值
        switch(KeyRead)                        //哪个键盘被按下了
        {
            case 0xde:KeyResult=4;break;       //(2,1)
            case 0xdd:KeyResult=5;break;       //(2,2)
            case 0xdb:KeyResult=6;break;       //(2,3)
            case 0xd7:KeyResult=7;break;       //(2,4)
        }
        P1OUT=0xbf;                            //P1.6 输出低电平
        KeyRead=P1IN;                          //读取 P1 口的值
        switch(KeyRead)                        //哪个键盘被按下了
        {
            case 0xbe:KeyResult=8;break;       //(3,1)
            case 0xbd:KeyResult=9;break;       //(3,2)
            case 0xbb:KeyResult=0x0a;break;    //(3,3)
            case 0xb7:KeyResult=0x0b;break;    //(3,4)
        }
        P1OUT=0x7f;                            //P1.7 输出低电平
```

```
        KeyRead=P1IN;                              //读取 P1 口的值
        switch(KeyRead)                            //哪个键盘被按下了
        {
            case 0x7e:KeyResult=0x0c;break;        //(4,1)
            case 0x7d:KeyResult=0x0d;break;        //(4,2)
            case 0x7b:KeyResult=0x0e;break;        //(4,3)
            case 0x77:KeyResult=0x0f;break;        //(4,4)
        }
    }
}
```

2）程序分析。程序使用宏定义语句"#define P66H（ ）P1OUT|=（1<<6）"等定义数码管段选、位选开关信号。

通过"uChar8 KeyResult;"语句定义全局变量。

在键盘扫描函数中，通过"uChar8　KeyRead;"语句定义一个内部变量，用以读取键盘值，并与设定值作比较，用于识别按键 Sn。

检测是否有按键时，语句"P1DIR=0xf0;"设定 P1.0~P1.3 为输入状态，P1.4~P1.7 为输出状态，语句"P1OUT=0x0f;"设定 P1.0~P1.3 输出高电平，P1.4~P1.7 输出低电平，然后，读取 P1 输入数据，屏蔽高 4 位数据，通过 if 语句判断是否有键按下，如果有按键按下，读取值与设定值 0x0f 不同，返回数据 1，如果没有按键按下，读取值与设定值 0x0f 相同，无按键，返回数据 0。

有按键按下时，延时 10ms，再确认一次，确定有键按下时，后续的扫描和 Switch 语句判断是哪个键按下。

对于第 1 行，送数据 P1OUT=0xef，读取值为 0xee 时，确定为开发板上第 1 行、第 1 列的键被按下，并给全局变量 KeyResult 赋值 0；读取值为 0xed 时，确定为第 1 行、第 2 列的键按下，并给全局变量 KeyResult 赋值 1；读取值为 0xeb 时，确定为第 1 行、第 3 列的键按下，并给全局变量 KeyResult 赋值 2；读取值为 0xe7 时，确定为第 1 行、第 4 列的键按下，并给全局变量 KeyResult 赋值 3。

检测第二行时，P1OUT=0xdf，依次可判别第 2 行各列的键是否按下。

检测第三行时，P1OUT=0xbf，依次可判别第 3 行各列的键是否按下。

检测第四行时，P1OUT=0x7f，依次可判别第 4 行各列的键是否按下。

在数码管显示中，送数据到数组 Disp_Tab[KeyResult]，若有按键按下，根据全局变量的值，显示相关的字符。

在主函数中，通过 While 循环不断更新显示内容。在 While 循环中，首先扫描是否有按键按下，若有按键按下，扫描函数传递按键对应的值给全局变量 KeyResult，通过数码管显示全局变量 KeyResult 值对应字符。

⚙ 技能训练

一、训练目标

（1）学会独立按键的处理控制。

（2）学会矩阵按键处理控制。

二、训练内容与步骤

（1）建立一个工程。

1）在 E：\MSP430\M430 目录下，新建一个文件夹 "C04"。

2）启动 IAR 软件。

3）单击 "Project" 菜单下的 "Create New Project" 子菜单，弹出创建新工程的对话框。

4）在 "Project templates" 工程模板中选择 "C" 语言项目，展开 "C"，选择 "main"。

5）单击 "OK" 按钮，弹出保存项目对话框，在另存为对话框，输入工程文件名 "C004"，单击 "保存" 按钮。

（2）编写程序文件。在 main 中输入 "独立按键控制 LED 灯" 程序，单击工具栏的保存按钮，保存文件。

（3）编译程序。

（4）生成 TXT 文件。

（5）下载调试程序。

1）启动 MSP430 BSL 下载软件。

2）单击 "Tool" 工具菜单下的 "Setup" 设置子菜单，设置下载参数，选择 USB 下载端口，单击 "OK" 按钮，完成下载参数设置。

3）单击 "File" 文件菜单下的 "Open" 打开子菜单，弹出打开文件对话框，选择 C04 文件夹内的 "Release" 文件夹，打开文件夹，选择 "C004. TXT" 文件。

4）单击 "打开" 按钮，打开文件。

5）选择器件类型 "MSP430F149"，单击 "Auto" 自动按钮，程序下载到 MSP430F149 开发板。

6）按下独立按键 KEY1，观察 MSP430F149 单片机开发板与 PB 口连接的 LED1 状态变化。

7）按下独立按键 KEY2，观察 MSP430F149 单片机开发板与 PB 口连接的 LED1 状态变化。

三、矩阵按键处理训练

（1）新建工程。

1）在 E：\MSP430\M430 目录下，新建一个文件夹 C05。

2）启动 IAR 软件。

3）单击 "Project" 菜单下的 "Create New Project" 子菜单，弹出创建新工程的对话框。

4）在 Project templates 工程模板中选择 "C" 语言项目，展开 C，选择 "main"。

5）单击 "OK" 按钮，弹出保存项目对话框，在另存为对话框，输入工程文件名 "C005"，单击 "保存" 按钮。

（2）编写程序文件。在 "main" 中输入 "矩阵按键控制" 程序，单击工具栏的保存按钮，并保存文件。

（3）编译程序。

（4）生成 TXT 文件。

（5）下载调试程序。

1）启动 MSP430 BSL 下载软件。

2）单击 "Tool" 工具菜单下的 "Setup" 设置子菜单命令，设置下载参数，选择 USB 下载端口，单击 "OK" 按钮，完成下载参数设置。

3）单击执行"File"文件菜单下"Open"打开子菜单命令，弹出打开文件对话框，选择 C04 文件夹内 Release 文件夹，打开文件夹，选择"C005.TXT"文件。

4）单击"打开"按钮，打开文件。

5）选择器件类型"MSP430F149"，单击"Auto"自动按钮，程序下载到 MSP430F149 开发板。

6）按下第 1 行任意一个按键，观察 MSP430F149 单片机开发板与 P4 口连接的数码管显示。

7）按下第 2 行任意一个按键，观察 MSP430F149 单片机开发板与 P4 口连接的数码管显示。

（6）应用列扫描法进行矩阵按键处理。

习题 3

1. 双 LED 灯控制，根据控制要求设计程序，并下载到 MSP430F149 单片机开发板进行调试。

控制要求：

（1）按下 KEY1 键，LED1 亮；

（2）按下 KEY2 键，LED2 亮；

（3）按下 KEY3 键，LED1、LED2 熄灭。

2. 设计按键矩阵扫描处理程序。要求：在按键矩阵扫描处理中，应用给列赋值的方法，识别 S1～S16，并赋值给 KeyNum，然后根据 KeyNum 值显示对应的数值"0～9，A～F"。

项目四 突发事件的处理——中断

学习目标

（1）学习中断基础知识。
（2）学会设计外部中断控制程序。
（3）学会设计看门狗定时器中断程序。

任务7 外部中断控制

基础知识

一、中断知识

1. 中断

对于单片机来讲，在程序的执行过程中，由于某种外界的原因，必须终止当行的程序而去执行相应的处理程序，待处理结束后再回来继续执行被终止的程序，这个过程叫中断。对于单片机来说，突发的事情实在太多了。例如用户通过按键给单片机输入数据时，这对单片机本身来说是无法估计的事情，这些外部来的突发信号一般就由单片机的外部中断来处理。外部中断其实就是一个由引脚的状态改变所引的中断。中断流程如图 4-1 所示。

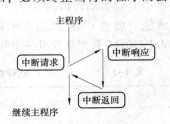

图 4-1 中断流程

2. 采用中断的优点

（1）实时控制。利用中断技术，各服务对象和功能模块可以根据需要，随时向 CPU 发出中断申请，并使 CPU 为其工作，以满足实时处理和控制需要。

（2）分时操作。提高 CPU 的效率，只有当服务对象或功能部件向单片机发出中断请求时，单片机才会转去为他服务。这样，利用中断功能，多个服务对象和部件就可以同时工作，从而提高了 CPU 的效率。

（3）故障处理。单片机系统在运行过程中突然发生硬件故障、运算错误及程序故障等，可以通过中断系统及时向 CPU 发出请求中断，进而 CPU 转到响应的故障处理程序进行处理。

3. 中断的优先级

中断的优先级是针对有多个中断同时发出请求，CPU 该如何响应中断，响应哪一个中断而提出的。

通常，一个单片机会有多个中断源，CPU 可以接收若干个中断源发出的中断请求。但在同一时刻，CPU 只能响应这些中断请求中的其中一个。为了避免 CPU 同时响应多个中断请求带来的混乱，在单片机中为每一个中断源赋予一个特定的中断优先级。一旦有多个中断请求信号，CPU 先响应中断优先级较高的中断请求，然后再逐次响应优先级次一级的中断。中断优先级也反映了各个中断源的重要程度，同时也是分析中断嵌套的基础。

当低级别的中断服务程序正在执行的过程中，有高级别的中断发出请求，则暂停当前低级别中断，转入响应高级别的中断，待高级别的中断处理完毕后，再返回原来的低级别中断断点处继续执行，这个过程称为中断嵌套，其处理过程如图 4-1 所示。

二、中断源和中断向量

1. 中断源

中断源是指能够向单片机发出中断请求信号的部件和设备。中断源又可以分为外部中断和内部中断。

单片机内部的定时器、串行接口、TWI、ADC 等功能模块都可以工作在中断模式下，在特定的条件下产生中断请求，这些位于单片机内部的中断源称为内部中断。外部设备，也可以通过外部中断入口，向 CPU 发出中断请求，这类中断称为外部中断源。

MS430 的中断比较多，几乎每个外围模块都能够产生中断，为 MSP430 针对事件（外围模块产生的中断）进行的编程打下了基础。MSP430 可以在没有事件发生时进入低功耗状态，事件发生时，通过中断唤醒 CPU，事件处理完毕后，CPU 再次进入低功耗状态。由于 CPU 的运算速度和退出低功耗状态的速度很快，所以，在很多应用中，CPU 大部分时间都能够处于低功耗状态，这是 MSP430 能够如此节省电能的重要原因之一。

2. 中断向量

中断源发出的请求信号被 CPU 检测到之后，如果单片机的中断控制系统允许响应中断，则 CPU 会自动转移，执行一个固定的程序空间地址中的指令。这个固定的地址称为中断入口地址，也称中断向量。中断入口地址通常是由单片机内部硬件决定的。MSP430x13、MSP430x14 系列单片机的中断向量表见表 4-1。

表 4-1   **MSP430x13、MSP430x14 系列单片机的中断向量表**

中断源	中断标志	系统中断	中断向量	优先级
上电 外部复位 看门狗 FLASH 口令	PUC RST WDTIFG KEYV	复位	0FFFEh	15（最高）
NMI 晶体振荡器故障 FLASH 存储器非法访问	NMIIFG OFIFG ACCVIFG	不可屏蔽中断	0FFFCh	14
Timer_B7	BCCIFG0	可屏蔽中断	0FFFAh	13
Timer_B7	BCCIFG1 TBIFG	可屏蔽中断	0FFF8h	12
比较器 A	CAMPAIFG	可屏蔽中断	0FFF6h	11
看门狗定时器	WDTIFG	可屏蔽中断	0FFF4h	10
USART0 接收	URXIFG0	可屏蔽中断	0FFF2h	9
USART0 发送	UTXIFG0	可屏蔽中断	0FFF0h	8

续表

中断源	中断标志	系统中断	中断向量	优先级
ADC	ADCIFG	可屏蔽中断	0FFEEh	7
Timer_A3	CCIFG0	可屏蔽中断	0FFECh	6
Timer_A3	CCIFG1 CCIFG2 TAIFG	可屏蔽中断	0FFEAh	5
P1	P1IFG.0~7	可屏蔽中断	0FFE8h	4
USART1 接收	URXIFG1	可屏蔽中断	0FFE6h	3
USART1 发送	UTXIFG1	可屏蔽中断	0FFE4h	2
P2	P2IFG.0~7	可屏蔽中断	0FFE2h	1
		可屏蔽中断	0FFE0h	0（最低）

三、MSP430 的中断控制及响应过程

1. MSP430 的中断控制

MSP430 的中断分为：系统复位、不可屏蔽中断、可屏蔽中断。

（1）系统复位，其中断向量为 0xFFFE。

（2）不可屏蔽中断向量为 0xFFFC，产生不可屏蔽中断的原因如下：

1）RST/NMI 管脚功能选择为 NMI 时，RST/NMI 管脚上产生一个上升沿或者下降沿（具体是上升沿还是下降沿由寄存器 WDTCTL 中的 NMIES 位决定）。NMI 中断可以用 WDTCTL 中的 NMIIE 位屏蔽。需要注意的是，当 RST/NMI 管脚功能选择为 NMI 时，不要让 RST/NMI 管脚上的信号一直保持在低电平。原因是如果发生了 PUC，则 RST/NMI 管脚的功能被初始化为复位功能，而此时它上面的信号一直保持低电平，使 CPU 一直处于复位状态，不能正常工作。

2）振荡器失效中断允许时，振荡器失效。

3）FLASH 存储器的非法访问中断允许时，对 FLASH 存储器进行了非法访问。

不可屏蔽中断可由各自的中断允许位禁止或打开。当一个不可屏蔽中断请求被接受时，相应的中断允许位自动复位。退出中断程序时，如果希望中断继续有效，则必须用软件将相应中断允许位置位。响应不可屏蔽中断时，硬件会自动将 OFIE、NMIE、ACCVIE 复位。软件首先判断触发中断的中断源并复位中断标志，接着执行用户代码。退出中断之前需要置位 OFIE、NMIE、ACCVIE，以便能够再次响应中断。需要特别注意的是，置位 OFIE、NMIE、ACCVIE 之后，必须立即退出中断响应程序，否则会再次触发中断，导致中断嵌套，从而导致堆栈溢出，致使程序执行的结果无法预料。

（3）可屏蔽中断的中断源来自具有中断能力的外围模块，包括看门狗定时器（工作在定时器模式）溢出触发的中断。每一个中断都可以被自己的中断控制位屏蔽。也可以被全局中断控制位屏蔽。

多个中断请求发生时，MSP430 选择拥有最高优先级的中断响应。响应中断时，MSP430 会将不可屏蔽中断控制位 SR.GIE 复位，因此，一旦响应了中断，即使有优先级更高的可屏蔽中断出现，MSP430 也不会中断当前响应的中断，去响应另外的中断。SR.GIE 复位不影响不可屏蔽中断，所以仍可以接受不可屏蔽中断的中断请求。

2. 中断响应的过程

（1）如果 CPU 处于活动状态，则完成当前指令。

（2）如果 CPU 处于低功耗状态，则退出低功耗状态。

（3）将下一条指令的 PC 值压入堆栈。

（4）将状态寄存器 SR 压入堆栈。

（5）如果有多个中断请求，则响应优先级最高的中断请求。

（6）单中断源的中断请求标志位自动复位，多中断源的标志位不变，等待软件将其复位。

（7）总中断允许位 SR. GIE 复位。SR 寄存器中的 CPUOFF、OSCOFF、SCG1、V、N、Z、C 位复位。

（8）相应的中断向量值装入 PC 寄存器，程序从此地址开始执行中断服务程序。

3. 中断返回的过程

（1）从堆栈中恢复 SR 的值。如果响应中断前 CPU 处于低功耗模式，则仍然恢复低功耗模式。

（2）从堆栈中恢复 PC 的值。如果 CPU 不处于低功耗模式，则从此地址继续执行程序。

从中断响应和返回的过程中可以看出，如果希望在中断程序执行时仍然可以响应新的中断请求，则可以进入中断程序后将 SR. GIE 置位。这样新的中断请求出现时，MSP430 会中断当前的执行程序，响应最高优先级的中断请求，甚至包括刚被中断执行的中断程序的中断请求也可以再次被响应。但这样做一定要非常小心，对于 C 语言来说，如果不能把握中断嵌套的层次，则容易发生堆栈溢出，程序的执行必定会混乱，而 C 语言编译器是不对堆栈溢出进行检查的。

响应中断时，单中断源的中断请求标志位自动复位。多中断源标志，则需要软件进行复位。

四、中断服务程序

在高级语言的开发环境中，都扩展和提供了相应的编写中断服务程序的方法，通常不必考虑中断现场保护和恢复的处理，因为编译器在编译中断服务程序代码时，会在生成的目标中自动加入相应的中断现场保护和恢复的指令。

在本书的中断服务程序格式为：

```
#pragma vector=中断向量
__interrupt void 中断函数 Ustra1Rx()
{
//以下填充用户代码
LPM3_EXIT;   //退出中断后退出低功耗模式。若退出中断后要保留低功耗模式,将本句屏蔽
}
```

五、MSP430 的外部中断

1. P1 和 P2 中断

P1 和 P2 端口的每一个引脚都有中断功能，由 PxIFG、PxIE 和 PxIES 寄存器设置。所有的 P1 引脚共用一个中断向量，所有的 P2 引脚共用另一个中断向量。中断是来自 P1 还是 P2 由 PxIFG 寄存器测试得出。

中断标志寄存器 PxIFG 中的每一个位是其相应的 I/O 引脚中断标志，当某一个引脚有输入

中断信号发生，中断标志位置 1。

要想实现中断功能，需要先配置 PxIE 和 GIE。中断标志 PxIFG 标志必须由软件进行复位。

PxIEn = 0，禁止中断；PxIEn = 1，允许中断。

PxIFGn = 0，无中断产生；PxIFGn = 1，有中断产生。

中断沿选择寄存器 PxIES，规定了何种电平跳变引起中断，PxIFG 标志被置位。

PxIESn = O，上升沿电平跳变时，产生中断；PxIESn = 1，下降沿电平跳变时，产生中断。

2. 中断操作的 C 语言程序及分析

用 IAR EW430 编程，在 C 语言程序中只要用伪指令#pragma 和中断向量说明服务程序的入口地址即可。

中断服务程序基本架构：

```
#pragma vector = PORT1_VECTOR         //中断向量赋值
__interrupt void Func1()              //中断函数定义
{
//中断服务程序
LPM3_EXIT; //退出中断后退出低功耗模式。若退出中断后要保留低功耗模式,将本句屏蔽


}
```

"#pragma" 为编译开关，控制编译器的编译方式，"__interrupt" 为函数属性的关键字，置于函数名称的前面。"Func1" 可自定义的函数名，符合一般函数名的命名规则就可以了。函数体内是中断服务处理程序，在中断服务处理程序结尾处，确定是否退出低功耗模式。

端口 1 中断函数基本框架如下所示，端口 2 中断函数基本框架类似。

```
/************************************************************
//端口 1 中断函数
//多中断的中断源:P1IFG.0~P1IFG7
//进入中断后应首先判断中断源,退出中断前应清除中断标志,否则将再次触发中断
************************************************************ /

#pragma vector = PORT1_VECTOR
__interrupt void Port1()
{
//以下为参考处理程序,不使用的端口应当删除其对于中断源的判断。
if((P1IFG&BIT0) == BIT0)
{
//处理 P1IN.0 中断
P1IFG& = ~BIT0;      //清除中断标志
//以下填充用户代码
}
else if((P1IFG&BIT1) == BIT1)
{
//处理 P1IN.1 中断
P1IFG& = ~BIT1;      //清除中断标志
//以下填充用户代码
}
```

```
else if((P1IFG&BIT2)==BIT2)
{
//处理 P1IN.2 中断
P1IFG&=~BIT2;        //清除中断标志
MSP430 系列单片机实用 C 语言程序设计
//以下填充用户代码
}
else if((P1IFG&BIT3)==BIT3)
{
//处理 P1IN.3 中断
P1IFG&=~BIT3;        //清除中断标志
//以下填充用户代码
}
else if((P1IFG&BIT4)==BIT4)
{
//处理 P1IN.4 中断
P1IFG&=~BIT4;        //清除中断标志
//以下填充用户代码
}
else if((P1IFG&BIT5)==BIT5)
{
//处理 P1IN.5 中断
P1IFG&=~BIT5;        //清除中断标志
//以下填充用户代码
}
else if((P1IFG&BIT6)==BIT6)
{
//处理 P1IN.6 中断
P1IFG&=~BIT6;        //清除中断标志
//以下填充用户代码
}
else
{
//处理 P1IN.7 中断
P1IFG&=~BIT7;        //清除中断标志
//以下填充用户代码
}
LPM3_EXIT;           //退出中断后退出低功耗模式。若退出中断后要保留低功耗模式,将本句屏蔽
}
```

六、外部中断控制 LED 灯

1. 控制要求

利用连接在 P1.0 的按键 K17 下降沿,产生中断,将连接在 P2.0 的 LED 交替点亮与熄灭。

2. 控制程序

```
#include "io430.h"
#include "in430.h"

/*******************主函数********************/
void main(void)
{
    WDTCTL=WDTPW+WDTHOLD;      //关闭看门狗
    P1IES=0x01;                //P1.0选择下降沿中断
    P1IE  =0x01;               //打开P1.0中断使能
    P1DIR&=~BIT0;              //设置P1.0为输入状态

    P2DIR=0xff;
    P2OUT=0xff;

    _EINT();                   //打开全局中断控制位
    while(1)
    {
        LPM1;
    }
}
/*********************************************
函数名称:PORT1_ISR
功    能:P1端口的中断服务函数
参    数:无
返 回 值:无
*********************************************/
#pragma vector=PORT1_VECTOR
__interrupt void  PORT1_ISR(void)
{

    P2OUT^=0x01;               //LED0交替
    P1IFG=0;
    LPM1_EXIT;

}
```

程序说明:

在中断初始化函数中,设定P1.0为下降沿触发,设定P1.0中断有效,清除P1中断标志位。

在中断服务函数中,每中断一次,将P2.0的值与0x01异或一次,重新赋初值给P2.0,清除P1中断标志位,退出低功耗LPM1模式。

主程序中,首先初始化端口,中断初始化,然后开全局中断。通过while(1)语句是系统进入低功耗LPM1模式。

技能训练

一、训练目标

（1）学会使用单片机的外部中断。

（2）通过单片机的外部 P1 中断，控制 LED 灯显示。

二、训练内容与步骤

1. 建立一个工程

（1）在 E：\MSP430\M430 目录下，新建一个文件夹 D01。

（2）启动 IAR 软件。

（3）单击 "Project" 菜单下的 "Create New Project" 子菜单，弹出创建新工程的对话框。

（4）在 Project templates 工程模板中选择 "C" 语言项目，展开 C，选择 "main"。

（5）单击 "OK" 按钮，弹出保存项目对话框，在另存为对话框，输入工程文件名 "D001"，单击 "保存" 按钮。

2. 编写程序文件

在 main 中输入 "外部中断控制 LED" 程序，单击工具栏的保存按钮 ，保存文件。

3. 编译程序

（1）右键单击 "D001_Debug" 项目，在弹出的菜单中单击 Option 选项，弹出选项设置对话框。

（2）在 Target 目标元件选项页，在 Device 器件配置下拉列表选项中选择 "MSP430F149"。

（3）设置完成，单击 "OK" 按钮确认。

（4）单击 "Project" 工程下的 "Make" 编译所有文件，或工具栏的 Make 按钮 ，编译所有项目文件。

（5）首次编译时，弹出保存工程管理空间对话框，在文件名栏输入 "D001"，单击 "保存" 按钮，保存工程管理空间。

4. 生成 TXT 文件

（1）项目编译成功后，单击工程管理空间中的工作模式切换栏的下拉箭头，选择 "Release" 软件发布选项，将软件工作模式切换到发布状态。

（2）右键单击 "D001_Debug" 项目，在弹出的菜单中执行的 Option 选项命令，弹出选项设置对话框。

（3）选择 "Linker" 输出链接项目，单击 "Output" 输出选项页，勾选输出文件下的 "Override default" 覆盖默认复选框。

（4）单击 "OK" 按钮，完成生成 TXT 文件设置。

（5）再单击工具栏的 Make 按钮 ，编译所有项目文件，生成 D001. TXT 文件。

5. 下载调试程序

（1）将 MSP430F149 开发板的 USB 端口与电脑 USB 连接。

（2）启动 MSP430 BSL 下载软件。

（3）单击 "Tool" 工具菜单下的 "Setup" 设置子菜单，设置下载参数，选择 USB 下载端口，单击 "OK" 按钮，完成下载参数设置。

（4）单击 "File" 文件菜单下 "Open" 打开子菜单，弹出打开文件对话框，选择 D01 文件夹内"Release"文件夹，打开文件夹，选择"D001. TXT"文件。

（5）单击"打开"按钮，打开文件。

（6）选择器件类型"MSP430F149"，单击"Auto"自动按钮，程序下载到MSP430F149开发板，观察与P2.0连接的LED指示灯状态变化。

（7）修改为P1.2下降沿触发方式，重新编译、下载程序，按下独立按键K19，观察P2.0连接的LED灯的状态变化。

任务8　看门狗及其应用

一、MSP430的看门狗

1. 看门狗定时器

在由单片机构成的控制系统中，因为单片机的工作常常会受到来自外界电磁场信号的干扰，造成程序的跑飞，或陷入死循环，程序的正常运行被打断，使单片机控制的系统无法继续工作，发生不可预测的后果，所以出于对单片机运行状态进行实时监测的考虑，便产生了一种专门用于监测单片机程序运行状态的功能模块，俗称"看门狗"（Watch Dog，WDT）。

MSP430的看门狗是一个特殊的定时器，看门狗定时器的结构如图4-2所示。它的功能是当程序运行发生时序故障时能使系统重新启动。当发生故障的时间满足规定的定时时间后，产

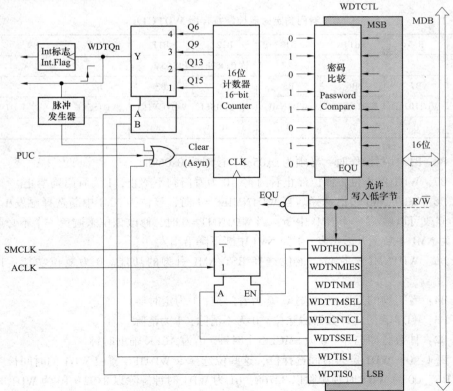

图4-2　看门狗定时器的结构

生一个非屏蔽中断，使系统复位。这样当在调试程序或预计程序运行在某段内部可能瞬时发生时序错误时，选用设置看门狗定时中断可以避免程序运行出错。如果看门狗不需要在应用程序中设定时，可以将其配置为一个间隔定时器，并在设定时间产生中断。看门狗的定时时间可以通过 WDTCTL 中的低三位（SSEL、ISL、ISO）选择。

看门狗 WDT 模块可以通过 WDTCTL 寄存器配置为看门狗或定时器。WDTCTL 寄存器包含控制位配置 RST/NMI 引脚。WDTCTL 是一个受口令保护的、可读写的 16 位寄存器。任何读或写都必须使用字指令，并且写访问，还必须将写保护字 O5AH 放到指令的高字节上。对 WDTCTL 的写操作必须将 O5AH 作为安全码放在高字节上，否则会产生系统复位，而读 WDTCTL 的值，得到的高字节总是 069H0。

看门狗 WDT 模块还具有定时器的功能，可通过 TMSET 位进行选择，也可通过设置 CNTCL 来使 WDTCNT 从 0 开始计数，其定时按选定的时间周期产生中断请求。当 WDT 工作在定时器模式时，WDTCTL 中断标志位在定时时间到时置位，因该模式下中断源是单源的，当得到中断服务时其 WDTCTL 标志位复位。

看门狗寄存器主要有三个，分别是 WDTCTL 看门狗定时器控制寄存器、IE1 中断使能寄存器 1、IFG1 中断标志寄存器 1。

根据设置的看门狗定时时间，当程序运行时间超过定时时间后，如果没有及时复位看门狗，即俗称的"喂狗"，看门狗定时器就会发生溢出，这个溢出将导致程序的复位，从而保证在程序跑飞的情况下，不会长时间没有响应。

2. 看门狗定时器控制寄存器

看门狗定时器控制寄存器 WDTCTL 见表 4-2。

表 4-2 看门狗定时器控制寄存器 WDTCTL

位	B15	B14	B13	B12	B11	B10	B9	B8
符号	读 0x069h，写 0x05ah							
位	B7	B6	B5	B4	B3	B2	B1	B0
符号	WDTHOLD	WDTNMIES	WDTNMI	WDTTMSEL	WDTCNTCL	WDTSSEL	WDTISx	
复位值	0	0	0	0	0	0	0	0

（1）B8~B15，写操作时，必须为 0x05ah，读时为 0x069h。

（2）B7：WDT 停止位，该位停止看门狗。0 为看门狗不禁止，1 为看门狗禁止。

（3）B6：WDT NMI 边沿选择。当 WDTNMIES = 1 时，该位为 NMI 中断选择触发中断边沿，对该位的修改可以触发一个 NMI 中断；当 WDTNMT = 0 时，修改该位来避免一个不必要的 NMI 中断。0 为 NMI 中断上升沿出发；1 为 NMI 中断下降沿出发。

（4）B5：WDTNMI 选择位，该位选择 RST/NMI 引脚的功能。0 为复位功能；1 为 NMI 功能。

（5）B4：看门狗的工作模式选择。0 为看门狗；1 为定时器。

（6）B3：WDT 看门狗计数器清除位。0 为不清除；1 为清除。

（7）B2：计数脉冲选择。0 为 SMCLK 子时钟。1 为 ACLK 辅助时钟。

（8）B[1：0] WDT 定时时间选择位，这些位选择令 WDTIFG 置位 WDT 的时间长度，并产生一个 PUC。00 为 WDT 时钟源除以 32768；01 为 WDT 时钟源除以 8192；10 为 WDT 时钟源除以 512；11 为 WDT 时钟源除以 64。

3. 中断使能寄存器 IE1

IE1 为 8 位中断使能寄存器，其中 B4 和 B0 用于看门狗中断控制。

B4：NMI 中断使能。0：NMI 中断禁止；1：NMI 中断使能。

4. IFG1 中断标志寄存器

IFGI 为特殊中断标志寄存器，其中 B4 和 B0 用于看门狗中断控制。

B4：NMI 中断标志。0：无 NMI 中断；1：NMI 中断产生。

B1：WDT 中断标志。0：无 WDT 中断；1：WDT 中断产生

5. 定时时间

由 ISO，IS1，SSEL 可确定 WDT 定时时间。

WDT 最多只能定时 8 种与时钟源相关的时间。WDT 可选的定时时间见表 4-3。

表 4-3　　　　　　WDT 可选的定时时间（晶体为 32768Hz. SMCLK = 1MHz）

SSEL	IS1	ISO	定时时间/ms	
0	0	0	32	$T_{SMCLK} \times 2(15)$
0	0	1	8	$T_{SMCLK} \times 2(13)$
0	1	0	0.5	$T_{SMCLK} \times 2(9)$
0	1	1	0.056	$T_{SMCLK} \times 2(6)$
1	0	0	1000	$T_{ACLK} \times 2(15)$
1	0	1	250	$T_{ACLK} \times 2(13)$
1	1	0	16	$T_{ACLK} \times 2(9)$
1	1	1	1.9	$T_{ACLK} \times 2(6)$

二、看门狗定时器应用

1. 控制要求

利用看门狗定时器控制 LED 指示灯交替闪亮。

2. 控制程序

```
#include "io430.h"                          //包含 io430 头文件
#include "in430.h"                          //包含 in430 头文件
int main(void)
{
  unsigned int i;                           //定义变量 i
  BCSCTL1 = DIVA1;                           //LFXT1CLK 2 分频
  WDTCTL = WDT_ADLY_250;                     //看门狗定时 250ms
  IE1 |= WDTIE;                              //允许看门狗中断
  P2DIR |= BIT0;                             //设置 P2.0 为输出
  _EINT();                                   //开总中断
while(1)                                     //while 循环
{
  LPM3;                                      //进入低功耗模式 3
for(i=0xff;i>0;i--);                         //延时一段时间
```

```
    }


    }

/* 看门狗中断服务程序 */
#pragma vector=WDT_VECTOR
__interrupt void  WDT_ISR(void)
{

    P2OUT^=BIT0;                        //LED0 交替变化

    LPM3_EXIT;                          //退出低功耗模式 3

}
```

程序说明：

在主程序中，首先设置了 ACLK 为低频 LFXT1CLK 的 2 分频，启用看门狗 250ms 定时，定时间隔由于 2 分频，定时时间实际为 500ms。接着开启看门狗定时中断，设置 P2.0 为输出，开总中断。

在 while 循环中，首先进入 LPM3 低功耗模式 3，等待看门狗定时中断发生，看门狗定时中断发生后，进入看门狗定时中断服务程序，通过异或逻辑运算，取反 P2.0 状态，然后退出低功耗模式 3，再返回 while 循环 LPM3 语句后，执行延时程序。

若 P2.0 为低电平输出，则点亮 LED，延时一段时间后，进入低功耗模式 3。

若 P2.0 为高电平输出，则熄灭 LED，延时一段时间后，进入低功耗模式 3。

 技能训练

一、训练目标

（1）学会使用 MSP430 单片机的看门狗。

（2）通过 MSP430 单片机的看门狗定时中断，控制 LED 灯显示。

二、训练内容与步骤

1. 建立一个工程

（1）在 E：\MSP430\M430 目录下，新建一个文件夹 D02。

（2）启动 IAR 软件。

（3）单击"Project"菜单下的"Create New Project"子菜单命令，弹出创建新工程的对话框。

（4）在 Project templates 工程模板中选择"C"语言项目，展开 C，选择"main"。

（5）单击"OK"按钮，弹出保存项目对话框，在另存为对话框，输入工程文件名"D002"，单击"保存"按钮。

2. 编写程序文件

在 main 中输入"看门狗定时中断控制 LED"程序，单击工具栏的保存按钮，保存文件。

3. 编译程序

（1）右键单击"D002_ Debug"项目，在弹出的菜单中执行的 Option 选项命令，弹出选项设置对话框。

（2）在 Target 目标元件选项页，在 Device 器件配置下拉列表选项中选择"MSP430F149"。

（3）设置完成，单击"OK"按钮确认。

（4）单击"Project"工程下的"Make"编译所有文件命令，或工具栏的 Make 按钮，编译所有项目文件。

（5）首次编译时，弹出保存工程管理空间对话框，在文件名栏输入"D002"，单击保存按钮，保存工程管理空间。

4. 生成 TXT 文件

（1）项目编译成功后，单击工程管理空间中的工作模式切换栏的下拉箭头，选择"Release"软件发布选项，将软件工作模式切换到发布状态。

（2）右键单击"D002_ Debug"项目，在弹出的菜单中执行的 Option 选项命令，弹出选项设置对话框。

（3）选择"Linker"输出链接项目，单击"Output"输出选项页，勾选输出文件下的"Override default"覆盖默认复选框。

（4）单击"OK"按钮，完成生成 TXT 文件设置。

（5）再单击工具栏的 Make 按钮，编译所有项目文件，生成 D002. TXT 文件。

5. 下载调试程序

（1）将 MSP430F149 开发板的 USB 端口与电脑 USB 连接。

（2）启动 MSP430 BSL 下载软件。

（3）单击"Tool"工具菜单下的"Setup"设置子菜单，设置下载参数，选择 USB 下载端口，单击"OK"按钮，完成下载参数设置。

（4）单击"File"文件菜单下"Open"打开子菜单，弹出打开文件对话框，选择 D02 文件夹内的"Release"文件夹，打开文件夹，选择"D002. TXT"文件。

（5）单击"打开"按钮，打开文件。

（6）选择器件类型"MSP430F149"，单击"Auto"自动按钮，程序下载到 MSP430F149 开发板，观察与 P2.0 连接的 LED 指示灯状态变化。

（7）修改看门狗定时时间常数，修改 ACLK 分频系数，重新编译、下载程序，观察 P2.0 连接的 LED 灯的状态变化。

习题 4

1. 利用外部中断循环控制 P2 端的 8 只 LED 灯。

2. 利用外部中断进行计数控制，并通过数码管显示计数数据。

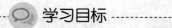

项目五 定时器及应用——

💬 **学习目标**

（1）学会用单片机系统时钟。
（2）学会使用单片机定时器。

任务9 单片机的定时控制

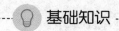

💡 **基础知识**

一、单片机系统时钟

1. 系统时钟模块结构

MSP430 系统时钟模块结构如图 5-1 所示。

MSP430 系列单片机基础时钟主要是由低频晶体振荡器、高频晶体振荡器、数字控制振荡器（DCO）、锁频环（FLL）及 FLL+等模块构成。由于 MSP 430 系列单片机中的型号不同，而时钟模块也将有所不同。虽然不同型号的单片机的时基模块有所不同，但这些模块产生出来的结果是相同的。在 MSP430F13 F14 中是有 XT2 振荡器的，而 MSP430F11X/F11X1 中则是用 LFXT1CLK 来代替 XT2CLK 时钟信号。在时钟模块中有 3 个（对于 F13、F14）或 2 个（对于 F11X、F11X1）时钟信号源。

（1）时钟信号源。

1）LFXT1CLK：低频/高频时钟源。由外接晶体振荡器，而无需外接两个振荡电容器，较常使用的晶体振荡器是 32768Hz。

2）XT2CLK：高频时钟源。由外接晶体振荡器。需要外接两个振荡电容器，较常用的晶体振荡器是 8MHz。

3）DCOCLK：数字可控制的 RC 振荡器。

（2）时钟信号输出。MSP430 单片机时钟模块提供 3 个时钟信号输出，以供给片内各部电路使用。

1）ACLK：辅助时钟信号。ACLK 是从 FLXT1CLK 信号由 1/2/4/8 分频器分频后所得到的. 由 BCSCTL1 寄存器设置 DIVA 相应为来决定分频因子. ACLK 可用于提供 CPU 外围功能模块作时钟信号使用。

2）MCLK：主时钟信号。MCLK 由 3 个时钟源提供，分别是 LFXT1CLK、XT2CLK（F13、F14，如果是 F11X，F11X1 则由 LFXT1CLK 代替）和 DCO 时钟源信号提供，MCLK 主要用于 MCU 和相关系统模块作时钟使用。同样可设置相关寄存器来决定分频因子及相关的设置。

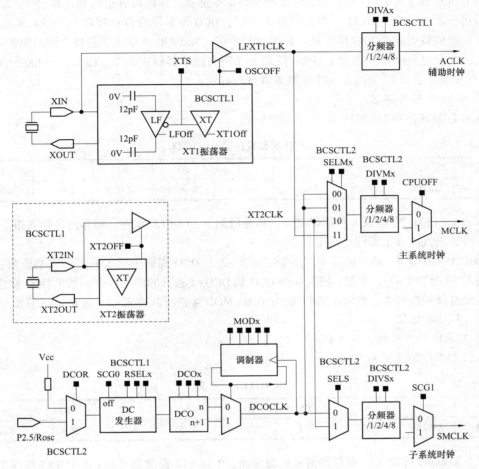

图 5-1 MSP430 系统时钟模块结构

3）SMCLK：子系统时钟，SMCLK 由 2 个时钟源信号提供，分别是 XT2CLK（F13、F14）和 DCO，如果是 F11X、F11X1 则由 LFXT1CLK 代替 TX2CLK。同样可设置相关寄存器来决定分频因子及相关的设置。

2. 时钟振荡器

时钟振荡器是单片机中非常重要的部分，它提供了单片机工作所需的时钟节奏，使得各部分有序进行。

（1）低速晶体振荡器。MSP430 的每一种器件中都含有低速晶体振荡器（LFXT1），满足了低功耗及使用 32768Hz 晶振的要求。晶振只需要经过 XIN 和 XOUT 两个引脚连接，不需要其他外部器件，所以保证工作稳定的元件和移相电容都集成在芯片。低功耗和廉价这两个因素决定了手表晶振的广泛使用。

LFXT1 振荡器在发生有效 PUC 信号后开始工作，一次有效 PUC 信号可以将 SR 寄存器（状态寄存器）中的 OscOff 位复位，即允许 LFTX1 工作。

（2）高速晶体振荡器。高速晶体振荡器一般称为第二振荡器 XT2，它产生时钟信号 XT2CLK，其工作特性与 LFTX 1 振荡器工作在高频模式时类似。如果 XT2CLK 信号没有用作 MCLK 和 SMCLK 时钟信号，可用控制位 XT2OFF 关闭 XT2O。

（3）DCO 数字控制振荡器。MSP430 两个外部振荡器产生的时钟信号都可以经 1、2、4、8 分频后用作系统主时钟 MCLK。当振荡器失效时，DCO 振荡器会自动被选作 MCLK 的时钟源，因此振荡器失效引起的 NMI 中断请求可以得到响应。MSP430 可以让任意被允许的中断请求在低功耗模式下得到服务，甚至在 LPM4 模式下（所有振荡器停止工作，CPU、MCLK、SMCLK、ACLK 处于禁止状态）。MCLK 在中断服务时自动有效。

3. DCO 控制寄存器

DCO 控制寄存器 DCOCTL 位定义见表 5-1。

表 5-1　　　　　　　　　　　　DCO 控制寄存器 DCOCTL

位	B7	B6	B5	B4	B3	B2	B1	B0
符号	DC0.2	DC0.1	DC0.0	MOD.4	MOD.3	MOD.2	MOD.1	MOD.0

DCO.0~DCO.2：定义 8 种频率之一，可分段调节 DCOCLK 频率，相邻两种频率相差 10%，而频率由注入直流发生器的电流定义。

MOD.0~MOD.4：频率的微调，用于定义在 32 个 DCO 周期中插入的 f_{dco+1} 周期个数，而在余下的 DCO 周期中为 f_{dco} 周期，控制切换 DCO 和 DCO+1 选择的两种频率。如果 DCO 常数为 7，表示已经选择最高频率，此时不能利用 MOD.0~MOD.4 进行频率调整。通常，不需要 DCO 的场合保持默认初始值。

4. 基本时钟系统控制寄存器 1

BCSCTL1 位定义见表 5-2。

表 5-2　　　　　　　　　　　　　BCSCTL1 位定义

位	B7	B6	B5	B4	B3	B2	B1	B0
符号	XT2OFF	XTS	DIVA.1	DIVA.0	XT5V	Resl.2	Resl.1	Resl.0

（1）XT2OFF 控制 XT2 振荡器的开启与关闭。0 为 XT2 振荡器开启；1 为 TX2 振荡器关闭（默认为 TX2 关闭）。

（2）XTS 控制 LFXT1 工作模式，选择需结合实际晶体振荡器连接情况。0 为 LFXT1 工作在低频模式（默认）；1 为 LFXT1 工作在高频模式（必须连接有高频相应的高频时钟源）。

（3）DIVA.0、DIVA.1 控制 ACLK 分频。0 为不分频（默认）；1 为 2 分频；2 为 4 分频；3 为 8 分频。

（4）XT5V 此位设置为 0。

（5）Resl1.0、Resl1.1、Resl1.2 这 3 位控制某个内部电阻以决定标称频率。

5. 基本时钟系统控制寄存器 2

基本时针系统控制寄存器 2（BCSCTL2）位定义见表 5-3。

表 5-3　　　　　　　　　　　　　BCSCTL2 位定义

位	B7	B6	B5	B4	B3	B2	B1	B0
符号	SELM.1	SELM.0	DIVM.1	DIVM.0	SELS	DIVS.1	DIVS.0	DCOR

（1）SELM.1、SELM.0：选择 MCLK 时钟源。0 为时钟源是 DCOCLK（默认）；1 为时钟源是 DCOCLK；2 为时钟源是 LFXT1CLK（对于 MSP430F11/12X），时钟源是 XT2CLK（对于 MSP430F13/14/15/16X）；3 为时钟源是 LFTXTICLK。

（2）DIVM.1、DIVM.0：选择 MCLK 分频。0 为 1 分频（默认）；1 为 2 分频；2 为 4 分频；3 为 8 分频。

（3）SELS：选择 SMCLK 时钟源。0 为时钟源是 DCOCLK（默认）；1 为时钟源是 LFXT1CLK（对于 MSP430F11/12X），时钟源是 XT2CLK（对于 MSP430F13/14/15/16X）。

（4）DIVS.1、DIVS.0：选择 SMCLK 分频。0 为 1 分频；1 为 2 分频；2 为 4 分频；4 为 8 分频。

（5）DCOR：选择 DCO 电阻。0 为内部电阻；1 为外部电阻。

PUC 信号之后，DCOCLK 被自动选择 MCLK 时钟信号，根据需要，MCLK 的时钟源可以另外设置为 LFXT1 或者 XT2。设置顺序如下：

［1］复位 OscOff；

［2］清除 OFIFG；

［3］延时等待至少 50μs；

［4］再次检查 OFIFG，如果仍然置位，则重复［3］、［4］步骤，直到 OFIFG=0 为止。

6. 系统时钟控制

设置时钟模块的工作方式和相关的控制寄存器，设置主时钟信号 MCLK=XT2，子时钟信号 SMCLK=DCOCLK，将 MCLK 从 MSP430F149 的 P5.4 口输出。

```
#include "io430.h"
void main (void)
{
unsigned int i;
WDTCL=WDTPW+WDTHOLD;        //停止看门狗
P5DIR |=BIT4;               //设置 P5.4 输出
P5SEL |=BIT4;               //设置 P5.4 口为外围模块用作 MCLK 信号输出
BCSCTL1 & =~XT2OFF;         //使 TX2 有效,TX2 上电时默认为关闭的
do
{
IFG1 & =~OFIFG;            //清振荡器失效标志
for(i=0xff;i>0;i--);       //延时,待稳定
}
while ((IFG1 & OFIFG)!=0);  //若振荡器失效标志有效
BCSCTL2 |=SELM1;           //使 MCLK=XT2
for(;;);
}
```

二、MSP430 的定时器/计数器

1. 定时器/计数器

定时器/计数器的基本功能是对脉冲信号进行自动计数。定时器/计数器是单片机中最基本的内部资源之一。在单片机内部，通过专门的硬件电路构成可编程的定时/计数器，CPU 通过指令设置定时/计数器的工作方式，以及根据定时/计数器的计数值或工作状态进行必要的响应和处理。

定时器/计数器的用途非常广泛，主要用于计数、延时、测量周期、频率、脉宽、提供定时脉冲信号等。在实际应用中，对于转速、位移、速度、流量等物理量的测量，通常是由传感器转换成脉冲电信号，通过使用"T/C"来测量其周期或频率，再经过计算处理获得。

MSP430 的定时器 A 由计数器、捕获比较器、输出单元组成，定时器 A 的内部结构如图 5-2所示。

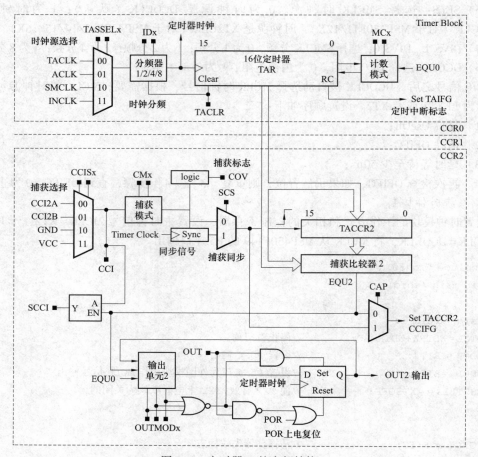

图 5-2 定时器 A 的内部结构

（1）计数器部分输入时钟源具有 4 种选择，所选定的时钟源又可以 1、2、4 或 8 分频作为计数频率，定时器 A 可通过选择 4 种工作模式灵活地完成定时/计数功能。

（2）捕获/比较器用于捕获事件发生的时间或产生时间间隔，捕获比较功能的引入主要是为了提高 I/O 端口处理事务的能力和速度。不同的 MSP 430 单片机，Timer A 模块中所含有的捕获/比较器的数量不一样。每个捕获/比较器的结构完全相同，输入和输出都决定于各自所带的控制寄存器的控制字，捕获/比较器相互间的工作完全独立。

（3）输出单元具有可选的 8 种输出模式，用于产生用户需要的输出信号并支持 PWMO。

在 MSP430 系列单片机中带有功能强大的定时器资源，定时器在单片机应用系统中起到重要的作用。利用 MSP430 单片机的定时器可以用来实现计时，延时，信号频率测量，信号触发检测，脉冲脉宽信号测量，PWM 信号发生。

2. 定时器 A 工作模式

定时器 A 共有如下 4 种计数模式。

（1）停止模式。停止模式用于定时器暂停，并不发生复位，所有寄存器现行的内容在停止模式结束后都可用。

（2）增计数模式。定时计数器增加到 CCRO（可在此期间设置 CCRx 来产生中断标记，但计数到 CCRO 后再循环进行）。

（3）连续计数模式。从 0~65536 连续增计数模式。在需要 65536 个时钟周期的定时应用场合常用连续计数模式。

（4）增/减模式。先增到 CCRO 后减至 0 模式，需要对称波形的情况经常可以使用该模式。计数周期由 CCRO 定义，它是 CCRO 计数器数值的 2 倍。

3. 捕获/比较模块

（1）捕获模式。主要用于利用信号的正沿、负沿或者正负沿的任一组合，测量外部或内部事件，也可以由软件停止。外部触发事件可以用 CCISx 选择 CCIxA，CCIxB，GND，和 Vcc 源。完成捕获后，相应的中断标志 CCIFGx 置位。当 CCTLx 中的 CAPx = =1 时，该模块工作在捕获模式。这时如果在定的引脚上发生设定的脉冲触发沿（上升沿、下降沿或任意跳变），则 TAR 中的值将写入到 CCRx 中。

（2）比较模式。定时器 A 的默认模式，在此模式，所有的捕获硬件停止工作。如果此时相应定时器中断允许打开的话，同时开始启动定时器，定时计数器 TAR 中的数值等于比较寄存器的值时，则产生中断请求。如没有中断允许，只是响应的中断标志 CCIFGx 置位。同时 EQUx 信号为真，否则为假。利用它可以控制输出产生占空比可变的 PWM 波形输出。比较模式常用于设置定时中断间隔，来处理有关的事情，如键盘扫描、事件查询处理、也可结合输出产生脉冲时序发生信号，PWM 信号等。

4. 控制寄存器 TACTL

控制寄存器 TACTL 位定义见表 5-4。

表 5-4   控制寄存器 TACTL 位定义

位	B15~B10	B9	B8	B7	B6	B5	B4	B3	B2	B1	B0
符号	未用	SSEL1	SSEL0	ID1	ID0	MC1	MC0	未用	CLR	TAIE	TAIFG

（1）SSEL1、SSEL0：选择定时器输入分频器的时钟源。00 为 TACLK，用特定的外部引脚信号；01 为 ACLK，辅助时钟；10 为 SMCLK，子系统时钟；11 为 INCLK，见器件说明。

（2）ID1、ID0：输入分频选择。00 为不分频；01 为 2 分频；10 为 4 分频；11 为 8 分频。

（3）MC1、MC0：计数模式控制位。00 为停止模式；01 为增计数模式，当定时器由 CCR0 计数到 0 时，TAIFG 置位；10 为连续计数模式，当定时器由 0FFFFH 计数到 0 时，TAIFG 置位；11 为增/减计数模式，当定时器由 CCR0 减计数到 0 时，TAIFG 置位。

（4）CLR：定时器清除位。POR 或 CLR 置位时定时器和输入分频器复位。CLR 由硬件自动复位，其读出始终为 0。定时器在下一个有效输入沿开始工作。如果不是被清除模式控制暂停，则定时器以增计数模式开始工作。

（5）TAIE：定时器中断允许位。0 为禁止；1 为允许。

（6）TAIFG：定时器溢出标志位。

5. TAR 16 位计数寄存器

计数器的主体，B15~B0 内容可改写。

6. CCRx 捕获/比较寄存器

MPS430 定时器 A 有 3 个捕获/比较寄存器，CCR0、CCR1、CCR2。在捕获比较模块中，CCRx 可读可写。其中 CCR0 经常用作周期寄存器，其他 CCRx 相同。

7. Timer_A 的两个中断向量

Timer_A 有两个中断向量，一个单独分配给捕获比较寄存器 CCR0，另一个作为共用的中断向量用于定时器和其他的捕获比较寄存器。

CCR0 中断向量具有最高的优先级，因为 CCR0 能用于定义是增计数和增减计数模式的周期。因此，它需要最快速度的服务。CCIFG0 在被中断服务时能自动复位。

CCR1~CCRx 和定时器共用另一个中断向量，属于多源中断，对应的中断标志 CCIFG1~CCIFGx 和 TAIFG1 在读中断向量字 TAIV 后，自动复位。如果不访问 TAIV 寄存器，则不能自动复位，须用软件清除；如果相应的中断允许位复位（不允许中断），则将不会产生中断请求，但中断标志仍存在，这时须用软件清除。

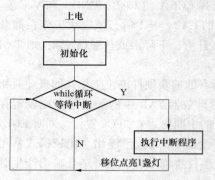

图 5-3　流水灯控制程序流程

三、单片机的定时器应用

1. 用定时器实现流水灯控制

流水灯控制过程中只有一盏 LED 灯是灭的，其他是亮的；依次熄灭各个 LED 灯，8 盏灯循环熄灭。

灯闪烁可以通过变量移位赋值的方式实现，即 P2OUT=0x00 | (1<<i)，通过定时器控制闪烁时间间隔。

用定时器实现流水灯控制的程序流程如图 5-3 所示。

2. 定时器流水灯控制程序

使用中断方式的控制程序如下：

```
#include "io430.h"
#include "in430.h"
unsigned int  j=0;
/*********************主函数*********************/
void main(void)
{
    unsigned char i;

    WDTCTL=WDTPW+WDTHOLD;             //关闭看门狗
    /*------选择系统主时钟为 8MHz-------*/
    BCSCTL1&=~XT2OFF;                 //打开 XT2 高频晶体振荡器
    do
    {
        IFG1&=~OFIFG;                //清除晶振失败标志
        for(i=0xFF;i > 0;i--);       //等待 8MHz 晶体起振
    }
    while((IFG1& OFIFG));            //晶振失效标志检测
    BCSCTL2 |=SELM_2+SELS;           //MCLK 和 SMCLK 选择高频晶振
    P6DIR |=BIT2;P6OUT |=BIT2;       //关闭电平转换

    CCTL0=CCIE;                      //使能 CCR0 中断
    CCR0=50000;
    TACTL=TASSEL_2+ID_3+MC_1;        //时钟源选择 SMCLK,8 分频,增计数模式
```

```
    P2DIR=0xff;                         //设置 P2 口方向为输出
    P2OUT=0xff;

    _EINT();                            //使能全局中断
    while(1)
    {
    LPM0;                               //CPU 进入 LPM0 模式

    }
}

/*******************************************
函数名称:Timer_A
功      能:定时器 A 的中断服务函数
*******************************************/
#pragma vector=TIMERA0_VECTOR
__interrupt void Timer_A (void)
{
P2OUT=~(0x01<<(j));                     //LED 灯的点亮顺序 D1->D8
if(j++>7)j=0;
}
```

程序说明:

主程序首先关闭看门狗, MCLK 和 SMCLK 选择高频晶振, 关闭电平转换。

接着设置使能 CCR0 中断, 设置 CCR0 初值。定时器 A 时钟源选择 SMCLK, 8 分频, 增计数模式。进行控制 LED 灯的 I/O 端口初始化, 关闭所有 LED。然后再开总中断。

在定时器 A 中断处理函数中, LED 灯的顺序点亮, 然后判断 j 值, 大于 7 时, 复位为 0。

 技能训练

一、训练目标

(1) 学会定时器 A 的使用。
(2) 学会 8 只 LED 灯的流水控制。

二、训练内容与步骤

1. 建立一个工程

(1) 在 E:\MSP430\M430 目录下, 新建一个文件夹 E01。

(2) 启动 IAR 软件。

(3) 单击 "Project" 菜单下的 "Create New Project" 子菜单命令, 弹出创建新工程的对话框。

(4) 在 Project templates 工程模板中选择 "C" 语言项目, 展开 C, 选择 "main"。

(5) 单击 "OK" 按钮, 弹出保存项目对话框, 在另存为对话框, 输入工程文件名 "E001", 单击 "保存" 按钮。

2. 编写程序文件

在 main 中输入"定时器流水灯控制"程序，单击工具栏的保存按钮 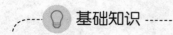，保存文件。

3. 编译程序

（1）右键单击"E001_Debug"项目，在弹出的菜单中执行的 Option 选项命令，弹出选项设置对话框。

（2）在 Target 目标元件选项页的 Device 器件配置下拉列表选项中选择"MSP430F149"。

（3）设置完成，单击"OK"按钮确认。

（4）单击"Project"工程下的"Make"编译所有文件，或工具栏的 Make 按钮 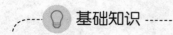，编译所有项目文件。

（5）首次编译时，弹出保存工程管理空间对话框，在文件名栏输入"E001"，单击保存按钮，保存工程管理空间。

4. 生成 TXT 文件

（1）项目编译成功后，单击工程管理空间中的工作模式切换栏的下拉箭头，选择"Release"软件发布选项，将软件工作模式切换到发布状态。

（2）右键单击"E001_Debug"项目，在弹出的菜单中执行 Option 选项命令，弹出选项设置对话框。

（3）选择"Linker"输出链接项目，单击"Output"输出选项页，勾选输出文件下的"Override default"覆盖默认复选框。

（4）单击"OK"按钮，完成生成 TXT 文件设置。

（5）再单击工具栏的 Make 按钮 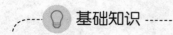，编译所有项目文件，生成 E001. TXT 文件。

5. 下载调试程序

（1）将 MSP430F149 开发板的 USB 端口与电脑 USB 连接。

（2）启动 MSP430 BSL 下载软件。

（3）单击"Tool"工具菜单下的"Setup"设置子菜单命令，设置下载参数，选择 USB 下载端口，单击"OK"按钮，完成下载参数设置。

（4）单击"File"文件菜单下的"Open"打开子菜单命令，弹出打开文件对话框，选择 D02 文件夹内"Release"文件夹，打开文件夹，选择"E001. TXT"文件。

（5）单击"打开"按钮，打开文件。

（6）选择器件类型"MSP430F149"，单击"Auto"自动按钮，程序下载到 MSP430F149 开发板，观察与 P2.0 连接的 LED 指示灯状态变化。

（7）修改定时器 A 中断控制程序，使 LED 灯由 D8 到 D1 循环点亮。

任务 10　简易可调时钟控制

🔆 基础知识

一、结构体与联合体

C 语言程序设计中有时需要将一批基本类型的数据放在一起使用，从而引入了所谓构造类型数据。数组就是一种构造类型数据，一个数组实际上是一批顺序存放的相同类型数据。下面介绍 C 语言中另外几种常用构造类型数据：结构体、联合体。

1. 结构体

结构体（struct）是一系列有相同类型或不同类型的数据构成的数据集合，也叫结构。

（1）结构体的声明。结构体的声明是描述结构如何组合的主要方法。一般情况下，结构体的声明方式有两种，见表 5-5。

表 5-5 结 构 体 的 声 明 方 式

第一种	第二种
struct 结构体名 ｛结构体元素表｝； struct 结构体名 结构变量名表；	Struct 结构体名 ｛结构体元素表 ｛结构变量表；

其中，"结构体元素表"为该结构体中的各个成员（又称为结构体的域），由于结构体可以由不同类型的数据组成，因此对结构体中的各个成员进行类型说明。定义好结构类型后，就可以用结构体类型来定义结构变量了。

第一种方法是先定义结构体类型，再定义结构变量。第二种方法是在定义结构体类型的同时，定义结构变量。

例如：

```
struct data
{int year;
 char month,day;
}
struct data data1,data2;
```

首先使用关键字 struct 表示接下来是一个结构。后面是一个可选的结构类型名标记（data），是用来引用该结构的快速标记。例如后面定义的 struct data data1，意思是把 data1 声明为一个使用 data 结构设计的结构变量。在结构声明中，接下来是用一对花括号括起来的结构成员列表。每个成都用它自己的声明来描述，用一个分号来结束描述。每个成员可以是任何一种 C 的数据类型，甚至可以是其他结构。

结构类型名标记是可选的，但是在用如第一种方式建立结构（在一个地方定义结构设计，而在其他地方定义实际的结构变量）时，必须使用标记。若没有结构类型标记名，则称为无名结构体。

结合上面两种方式，我们可以得出这里的"结构"有两个意思。一个意思是"结构设计"，例如对变量 year、month、day 的设计就是一种结构设计。另一层意思应该是创建一个"结构变量"，例如定义的 data1 就是创建一个结构变量很好的举证。其实这里的 struct data 所起的作用就像 int 或 float 在简单声明中的作用一样。

（2）结构体变量的初始化。结构是一种新的数据类型，因此它也可以像其他变量一样赋值、运算。不同的是结构变量以成员作为基本变量。

结构成员的表示方法为：结构变量 . 结构成员名。这里的"."是成员（分量）运算符，它在所有的运算符中优先级最高，因此"结构变量 . 结构成员名"可以看作一个整体，这个整体的数据类型与结构体中该成员的数据类型相同，这样就可以像其他变量那样使用，如：

```
data1.year=2014
```

（3）结构体数组。结构体数组就是相同结构类型数据的变量集合。结构体变量可以存放一组数据（如学生的学号、姓名、年龄等）。如果有 20 个学生数据参与运算，显然应该用数组，这就是结构体数组的由来。结构体数组与数值型数组不同之处在于每个数组元素都是一个结构体类型数据，它们包括各个成员项，如：

```
struct student
{unsigned char num;
unsigned char name[10];
unsigned char old;
};
struct student stud[20];
```

先用 struct 定义一个具有三个成员的结构体数据类型 student，再用"struct student stud [20]"定义一个结构体数组，其中的每个元素都具有 student 结构体数据类型。

2. 联合体

联合体也是 C 语言的一种构造型数据结构，一个联合体中可以包括多个不同的数据类型的数据元素，例如 1 个 int 型数据变量、1 个 char 型数据变量放在同一个地址开始的内存单元中。这两个数据变量在内存中的字节数不同，却从同一个地址处开始存放，这种技术可以使不同的变量分时使用同一个内存空间，提高内存的使用效率。

联合体定义的一般格式：

```
unin 联合体类型名
{成员列表}变量表列;
```

也可以像结构体定义那样，将类型定义和变量定义分开，先定义联合体类型，再定义联合体变量。

联合体类型定义与结构体类型定义方法类似，只是将 struct 换成了 unin，但在内存空间分配上不同，结构体变量在内存中占用内存的长度是其中各个成员所占内存长度之和，而联合体变量占用内存长度是字节数最长的成员的长度。

联合体变量的引用是通过联合体成员引用来实现的，引用方法是"联合体类型名 . 联合体成员名"或"联合体类型名->联合体成员名"。

在引用联合体成员时，要注意联合体变量使用的一致性。联合体在定义时各个不同的成员可以分时赋值，读取时所读取的变量是最近放入联合体的某一成员的数据，因此在赋值时，必须注意其类型与表达式所要求的类型保持一致，且必须是联合体的成员，不能将联合体变量直接赋值给其他变量。

联合体类型数据可以采用同一内存段保存不同类型的数据，但在每一瞬间，只能保存其中一种类型的数据，而不能同时存放几种。每一瞬间只有一个成员数据起作用，起作用的是最后一次存放的成员数据，如果存放了新类型成员数据，原先的成员数据就丢弃了。

联合体可以出现在结构体和数组中，结构体和数组也可以出现在联合体中。当需要存取结构体中的联合体或联合体中的结构体时，其存取方法与存取嵌套的结构体相同。

二、简易可调时钟控制

1. 控制要求

（1）时钟显示格式为"小时分钟秒钟"，如"13-46-25"表示 13 时 46 分 25 秒。

（2）按 K1 按键，停止时钟。

（3）按 K2 按键，启动时钟。

（4）按 K3 按键，调整小时显示值，每按一次，小时数值加 1。

（5）按 K4 按键，调整分钟显示值，每按一次，分钟数值加 1。

2. 控制程序设计

（1）变量定义。

```c
#include "io430.h"
#include "in430.h"


/********************************************************* /
//宏定义,便于移植
/********************************************************* /
#define uChar8 unsigned char                    //uChar8 宏定义
#define uInt16 unsigned int                     //uInt16 宏定义
#define P66H() P6OUT |= (1<<6)                   //段选开
#define P66L() P6OUT& = ~ (1<<6)                 //段选关
#define P55H() P5OUT |= (1<<5)                   //位选开
#define P55L() P5OUT& = ~ (1<<5)                 //位选关


uChar8  Bit_Tab[]={0xfe,0xfd,0xfb,0xf7,0xef,0xdf,0xbf,0x7f};
                                                 //位选数组
uChar8  SEG7[]={0x3f,0x06,0x5b,0x4f,0x66,0x6d,0x7d,0x07,0x7f,0x6f};
                                                 //0~9 数字数组

//变量定义
uInt16 cnt;
//定义时间结构变量
struct time
{ uChar8 Hour;                                   //定义时
  uChar8 Min;                                    //定义分
  uChar8 Sec;                                    //定义秒
};
struct time dtime;                               //定义当前时间结构变量
```

程序说明：

通过宏定义，定义了无符号 16 位整形变量类型 uInt16，无符号字符类型变量 uChar8，以便简化程序的书写。通过 uChar8 定义了无符号字符显示数组变量 SEG7［10］，定义了数码管刷新位数组变量 Bit_Tab［］，用于共阴极数码管的数字字符显示控制。通过 uint16 定义了无符号整型变量 cnt。

通过 struct 定义了一个时间结构变量类型，包括小时、分钟、秒等成员变量，由结构变量类型定义了当前时间结构变量 dtime。

通过宏定义，定义了位选开、位选关、段选开、段选关信号。

（2）延时控制程序。

```c
/*********************************************************
//函数名称:Delay()
```

```
**********************************************************/
void Delay(uInt16  ValuS)
{
        while(ValuS--);
}
```

程序说明:

通过 for 循环实现延时控制,形参 ValuS 用于传递定时的数值。

(3)端口初始化。

```
/**********************************************
//端口初始化函数 port_init()
********************************************** /
void port_init(void)
{
    P6DIR |=BIT2;P6OUT |=BIT2;      //关闭电平转换
    P6DIR |=0x40;                   //设置 P66 为输出
    P5DIR |=0x20;                   //设置 P55 为输出
    P1IES =0xff;                    //P1 选择下降沿中断
    P1IE  =0xff;                    //打开 P1 中断使能
    P1DIR =0x00;                    //设置 P1 为输入
    P4DIR =0xff;                    //设置 P4 为输出
    P4OUT =0xFF;
}
```

(4)定时器 A 初始化程序。

```
/**********************************************
//定时器 A 初始化函数 timer1_init()
********************************************** /
void timerA_init(void)
{
    CCTL0 =CCIE;                    //使能 CCR0 中断
    CCR0 =9999;                     //10ms
    TACTL =TASSEL_2+ID_3+MC_1;      //时钟源选择 SMCLK,8 分频,增计数模式
}
```

程序说明:

在定时中断初始化中,首先使能 CCR0 中断,设定定时器 A 的 10ms 对应的 CCR0,然后选择定时器 A 的时钟源,8 分频,增计数模式。

(5)定时器 A 中断处理。

```
/**********************************************
//定时器 A 中断处理函数 Timer_A()
********************************************** /
#pragma vector=TIMERA0_VECTOR
__interrupt void Timer_A (void)
{
```

```
if(++cnt>99)
    {    cnt=0;
         dtime.Sec++;
      if(dtime.Sec>59)
       {
         dtime.Sec=0;
           dtime.Min++;
           if(dtime.Min>59)
              {
                   dtime.Min=0;
                   dtime.Hour++;
               if(dtime.Hour>23) dtime.Hour=0;
               }
        }
     }
}
```

（6）外部中断处理。

```
/*****************************************************************************
端口 1 中断函数
多中断中断源:P1IFG.0~P1IFG3
进入中断后应首先判断中断源,退出中断前应清除中断标志,否则将再次引发中断
***************************************************************************** /
#pragma vector=PORT1_VECTOR
__interrupt void Port1()
{
    //以下为参考处理程序,不使用的端口应当删除其对于中断源的判断。
    if((P 1IFG&BIT0)==BIT0)
    {
         //处理 P1IN.0 中断
         P1IFG&=~BIT0;                      //清除中断标志
         CCTL0&=~CCIE;                      //禁止 CCR0 中断


    }
    else if((P1IFG&BIT1)==BIT1)
    {
         //处理 P1IN.1 中断
         P1IFG&=~BIT1;                      //清除中断标志
         CCTL0=CCIE;                        //使能 CCR0 中断


    }
    else if((P1IFG&BIT2)==BIT2)
    {
         //处理 P1IN.2 中断
```

```
        P1IFG&=~BIT2;                              //清除中断标志
        if(dtime.Hour++>23)dtime.Hour=0;    //K19键被按下,小时数加1

    }
    else if((P1IFG&BIT3)==BIT3)
    {
        //处理 P1IN.3 中断
        P1IFG&=~BIT3;                              //清除中断标志
        if(dtime.Min++>59)   dtime.Min=0;    //K20键被按下,分钟数加1

    }

}
```

程序说明:

K17 按键按下时,外部中断 P1.0 发生,禁止定时中断,停止计时。

K18 按键按下时,外部中断 P1.1 发生,允许定时中断,启动计时。

K19 按键按下时,外部中断 P1.2 发生,控制小时计数变量加 1,小时变量大于 23 时,复位为 0。

K20 按键按下时,外部中断 P1.3 发生,控制分钟计数变量加 1,分钟变量大于 59 时,复位为 0。

(7) 主程序。

```
void main(void)
{
uChar8 i;

WDTCTL=WDTPW+WDTHOLD;                    //关闭看门狗
    /* ------选择系统主时钟为 8MHz-------*/
    BCSCTL1&=~XT2OFF;                        //打开 XT2 高频晶体振荡器
    do
    {
        IFG1&=~OFIFG;                        //清除晶振失败标志
        for(i=0xFF;i > 0;i--);              //等待 8MHz 晶体起振
    }
    while((IFG1& OFIFG));                    //晶振失效标志检测
    BCSCTL2 |=SELM_2+SELS;                  //MCLK 和 SMCLK 选择高频晶振
    port_init();                            //端口初始化
    timerA_init();                          //定时器 A 初始化
    _EINT();                                //使能全局中断
while(1)
{
for(i=0;i<8;i++)
    {
switch(i)
```

```
{
case 0:
{    P55H();                              //位选开
     P4OUT=Bit_Tab[0];                    //送入位选数据
     P55L();                              //位选关
     P66H();                              //段选开
     P4OUT=SEG7[(dtime.Hour/10)%10];      //送入小时十位的段数据
P66L();
        break;}
case 1:
{    P55H();                              //位选开
     P4OUT=Bit_Tab[1];                    //送入位选数据
     P55L();                              //位选关
     P66H();                              //段选开
     P4OUT=SEG7[dtime.Hour%10];           //送入小时个位的段数据
     P66L();
        break;}
case 2:
{    P55H();                              //位选开
     P4OUT=Bit_Tab[2];                    //送入位选数据
     P55L();                              //位选关
     P66H();                              //段选开
     P4OUT=0x40;                          //送入"g"的段选数据
     P66L();
        break;}

case 3:
{    P55H();                              //位选开
     P4OUT=Bit_Tab[3];                    //送入位选数据
     P55L();                              //位选关
     P66H();                              //段选开
     P4OUT=SEG7[(dtime.Min/10)%10];       //送入段选数据
     P66L();
        break;}

case 4:
{    P55H();                              //位选开
     P4OUT=Bit_Tab[4];                    //送入位选数据
     P55L();                              //位选关
     P66H();                              //段选开
     P4OUT=SEG7[dtime.Min%10];            //送入秒十位的段选数据
     P66L();
        break;}
case 5:
```

```
    {    P55H();                              //位选开
         P4OUT=Bit_Tab[5];                    //送入位选数据
         P55L();                              //位选关
         P66H();                              //段选开
         P4OUT=0x40;                          //送入"g"的段选数据
         P66L();
           break;}

    case 6:
    {    P55H();                              //位选开
         P4OUT=Bit_Tab[6];                    //送入位选数据
         P55L();                              //位选关
         P66H();                              //段选开
         P4OUT=SEG7[(dtime.Sec/10)%10];       //送入十秒的段选数据
         P66L();
           break;}
    case 7:
    {    P55H();                              //位选开
         P4OUT=Bit_Tab[7];                    //送入位选数据
         P55L();                              //位选关
         P66H();                              //段选开
         P4OUT=SEG7[dtime.Sec%10];            //送入十秒的段选数据
         P66L();
           break;}


    default:break;
    }
    Delay(200);
    }
  }
}
```

程序说明：

在主程序中，首先关闭看门狗、打开 XT2 高频晶体振荡器、MCLK 和 SMCLK 选择高频晶振。接着运行单片机端口初始化程序、定时器 A 初始化。运行完毕，使能全局中断，进入 wihle 循环。在 wihle 循环中，再通过 switch 开关语句依次处理各个数码显示管的显示。

在外部中断处理中，设置计时功能。

在定时中断处理中，进行时间数据更新。

 技能训练

一、训练目标

（1）学会使用单片机的定时中断。

（2）通过外部中断，控制简易可调时钟。

二、训练内容与步骤

1. 建立一个工程

（1）在 E：\MSP430\M430 目录下，新建一个文件夹 E02。

（2）启动 IAR 软件。

（3）单击"Project"菜单下的"Create New Project"子菜单，弹出创建新工程的对话框。

（4）在 Project templates 工程模板中选择"C"语言项目，展开 C，选择"main"。

（5）单击"OK"按钮，弹出保存项目对话框，在另存为对话框，输入工程文件名"E002"，单击"保存"按钮。

2. 编写程序文件

在 main 中输入"简易可调时钟控制"程序，单击工具栏的保存按钮 💾，并保存文件。

3. 编译程序

（1）右键单击"E002_ Debug"项目，在弹出的菜单中选择 Option 选项，弹出选项设置对话框。

（2）在 Target 目标元件选项页的 Device 器件配置下拉列表选项中选择"MSP430F149"。

（3）设置完成，单击"OK"按钮确认。

（4）单击"Project"工程下的"Make"编译所有文件命令，或工具栏的 Make 按钮 🖩，编译所有项目文件。

（5）首次编译时，弹出保存工程管理空间对话框，在文件名栏输入"E002"，单击保存按钮，保存工程管理空间。

4. 生成 TXT 文件

（1）项目编译成功后，单击工程管理空间中的工作模式切换栏的下拉箭头，选择"Release"软件发布选项，将软件工作模式切换到发布状态。

（2）右键单击"E002_Debug"项目，在弹出的菜单中单击 Option 选项，弹出选项设置对话框。

（3）选择"Linker"输出链接项目，单击"Output"输出选项页，勾选输出文件下的"Override default"覆盖默认复选框。

（4）单击"OK"按钮，完成生成 TXT 文件设置。

（5）再单击工具栏的 Make 按钮 🖩，编译所有项目文件，生成 E002. TXT 文件。

5. 下载调试程序

（1）将 MSP430F149 开发板的 USB 端口与电脑 USB 连接。

（2）启动 MSP430 BSL 下载软件。

（3）单击"Tool"工具菜单下的"Setup"设置子菜单命令，设置下载参数，选择 USB 下载端口，单击"OK"按钮，完成下载参数设置。

（4）单击"File"文件菜单下的"Open"打开子菜单命令，弹出打开文件对话框，选择 E02 文件夹内的"Release"文件夹，打开文件夹，选择"E002. TXT"文件。

（5）单击"打开"按钮，打开文件。

（6）选择器件类型"MSP430F149"，单击"Auto"自动按钮，程序下载到 MSP430F149 开发板。

（7）进行简易时钟调试与运行控制，观察数码管的显示变化。

📖 习题5

1. 设计 MSP430 单片机控制程序，用连接在 P1.0 的按键 K17 控制连接在 P2.0 的 LED 灯的亮、灭，用连接在 P1.1 的按键 K18 控制连接在 P2.1 的 LED 灯的亮、灭。

2. 在可调时钟控制中，设置 4 个按键，K1 控制时钟的启动。K2 控制小时数的增加，每按一次 K2，小时数加 1，小时数大于 23 时，复位为 0。K3 控制分钟数的增加，每按一次 K3，分钟数加 1，分钟数大于 59 时，复位为 0。K4 控制时钟的停止。设计 MSP430 单片机程序，使用按键查询，控制可调时钟的运行。

3. 在可调时钟控制中，设置 4 个按键，K1 控制时钟的启动与停止。K2 控制调试模式，在时钟停止状态时，第 1 次按下时调试小时数，第 2 次按下时调试分钟数，第 3 次按下时清零，第 4 次按下时回初始状态，无任何操作。K3 控制数值加，K4 控制数值减。设计 MSP430 单片机程序，使用按键查询和外部中断，控制可调时钟的运行。

4. 在简易交通灯的控制中，增加启停控制，设计 MSP430 单片机程序，使其满足控制需求。

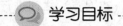

项目六 单片机的串行通信

学习目标

（1）学会设计串口中断控制程序。
（2）实现单片机与 PC 间的串行通信。

任务 11　单片机与 PC 间的串行通信

基础知识

一、串口通信

串行接口（Serial Interface）简称串口，串口通信是指数据一位一位地按顺序传送，实现两个串口设备的通信。例如单片机与别的设备就是通过该方式来传送数据的。其特点是通信线路简单，只要一对传输线就可以实现双向通信，从而降级了成本，特别适用于远距离通信，但传送速度较慢。

1. 通信的基本方式

（1）并行通信。数据的每位同时在多根数据线上发送或者接收。并行通信方式示意图如图6-1 所示。

并行通信的特点：各数据位同时传送，传送速度快，效率高，有多少数据位就需要多少根数据线，传送成本高。在集成电路芯片的内部，同一插件板上各部件之间，同一机箱内部插件之间等的数据传送是并行的，并行数据传送的距离通常小于 30m。

（2）串行通信。数据的每一位在同一根数据线上按顺序逐位发送或者接收。串行通信方式示意图如图 6-2 所示。

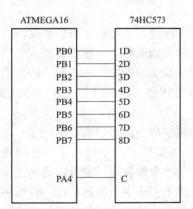

图 6-1　并行通信方式示意图

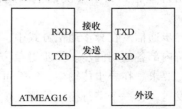

图 6-2　串行通信方式示意图

串行通信的特点：数据传输按位顺序进行，只需两根传输线即可完成，成本低，但速度慢。计算机与远程终端，远程终端与远程终端之间的数据传输通常都是串行的。与并行通信相比，串行通信的传输速度要慢得多，但有下列较为显著的特点。

1）传输距离较长，可以从几米到几千米。

2）串行通信的通信时钟频率较易提高。

3）串行通信的抗干扰能力十分强，其信号间的互相干扰完全可以忽略。

正是基于以上各个特点的综合考虑，串行通信在数据采集和控制系统中得到了广泛的应用，产品种类也是多种多样的。

2. 串行通信的工作模式

通过单线传输信息是串行数据通信的基础。数据通常是在两个站（点对点）之间进行传输，按照数据流的方向可分为三种传输模式（制式）。

图 6-3　单工模式

（1）单工模式。单工模式的数据传输是单向的。通信双方中，一方为发送端，另一方则固定为接收端。信息只能沿一个方向传输，使用一根数据线，如图 6-3 所示。

单工模式一般用在只向一个方向传输数据的场合。例如收音机，收音机只能接收发射塔给它的数据，它并不能给发射塔数据。

（2）半双工模式。半双工模式是指通信双方都具有发送器和接收器，双方即可发射也可接收，但接收和发射不能同时进行，即发射时就不能接收，接收时就不能发送，如图 6-4 所示。

半双工一般用在数据能在两个方向传输的场合。对讲机是很典型的半双工通信实例。

（3）全双工模式。全双工数据通信分别由两根可以在两个不同的站点同时发送和接收的传输线进行传输，通信双方都能在同一时刻进行发送和接收操作，如图 6-5 所示。

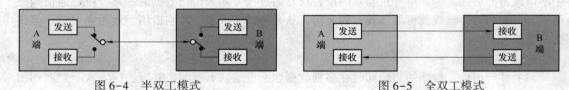

图 6-4　半双工模式　　　　　　　　图 6-5　全双工模式

在全双工模式下，每一端都有发送器和接收器，有两条传输线，可在交互式应用和远程监控系统中使用，信息传输效率较高，比如手机。

3. 异步通信和同步通信

在串行通信中，数据是一位一位地按照到达的顺序依次进行传输的，每位数据的发送和接收都需要时钟来控制。发送端通过发送时钟确定数据位的开始和结束，接收端需在适当的时间间隔对数据流进行采样来正确地识别数据。接收端和发送端必须保持步调一致，否则就会在数据传输中出现差错。为了解决以上问题，串行通信可采用以下两种方式：异步通信和同步通信。

（1）异步通信。在异步通信方式中，字符是数据传输单位。在通信的数据流中，字符之间异步，字符内部各位间同步。异步通信方式的"异步"主要体现在字符与字符之间通信没有严格的定时要求。在异步传输中，字符可以是连续地，一个个地发送，也可以是不连续地，随机地单独发送。在一个字符格式的停止位之后，立即发送下一个字符的起始位，开始一个新的字符的传输，这叫做连续地串行数据发送，即帧与帧之间是连续的。断续的串行数据传输是指在一帧结束之后维持数据线的"空闲"状态，新的起始位可在任何时刻开始。一旦传输开始，组成这个字符的各个数据位将被连续发送，并且每个数据位持续时间是相等的。接收端根据这个特点与数据发送端保持同步，从而正确地恢复数据。收发双方则以预先约定的传输速度，在时钟的作用下，传输这个字符中的每一位。

（2）同步通信。同步通信是一种连续传送数据的通信方式，一次通信传送多个字符数据，称为一帧信息。数据传输速率较高，通常可达 56000bit/s 或更高。其缺点是要求发送时钟和接收时钟保持严格同步。例如，可以在发送器和接收器之间提供一条独立的时钟线路，由线路的一端（发送器或者接收器）定期的在每个比特时间中向线路发送一个短脉冲信号，另一端则将这些有规律的脉冲作为时钟。这种方法在短距离传输时表现良好，但在长距离传输中，定时脉冲可能会和信息信号一样受到破坏，从而出现定时误差。另一种方法是通过采用嵌有时钟信息的数据编码位向接收端提供同步信息。同步通信传输格式如图 6-6 所示。

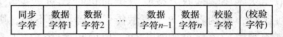

图 6-6　同步通信传输格式

4. 串口通信的格式

在异步通信中，数据通常以字符（char）或者字节（byte）为单位组成字符帧传送的。既然要双方要以字符传输，一定要遵循一些规则，否则双方肯定不能正确传输数据，或者什么时候开始采样数据，什么时候结束数据采样，这些都必须事先预定好，即规定数据的通信协议。

（1）字符帧。由发送端一帧一帧的发送，通过传输线被接收设备一帧一帧的接收。发送端和接收端可以有各自的时钟来控制数据的发送和接收，这两个时钟源彼此独立。

（2）异步通信中，接收端靠字符帧格式判断发送端何时开始发送，何时结束发送。平时，发送先为逻辑 1（高电平），每当接收端检测到传输线上发送过来的低电平逻辑 0 时，就知道发送端开始发送数据，每当接收端接收到字符帧中的停止位时，就知道一帧字符信息发送完毕。异步通信传输格式如图 6-7 所示。

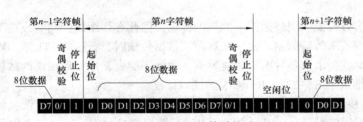

图 6-7　异步通信传输格式

1）起始位。在没有数据传输时，通信线上处于逻辑 "1" 状态。当发送端要发送 1 个字符数据时，首先发送 1 个逻辑 "0" 信号，这个低电平便是帧格式的起始位。其作用是向接收端表达发送端开始发送一帧数据。接收端检测到这个低电平后，就准备接收数据。

2）数据位。在起始位之后，发送端发出（或接收端接收）的是数据位，数据的位数没有严格的限制，5~8 位均可，由低位到高位逐位发送。

3）奇偶校验位。数据位发送完（接收完）之后，可发送一位用来验证数据在传送过程中是否出错的奇偶校验位。奇偶校验是收发双发预先约定的有限差错校验方法之一，有时也可不用奇偶校验。

4）停止位。字符帧格式的最后部分是停止位，逻辑 "高（1）" 电平有效，它可占 1/2 位、1 位或 2 位。停止位表示传送一帧信息的结束，也为发送下一帧信息做好准备。

5. 串行通信的校验

串行通信的目的不只是传送数据信息，更重要的是应确保准确无误地传送。因此必须考虑在通信过程中对数据差错进行校验，差错校验是保证准确无误通信的关键。常用差错校验方法有奇偶校验、累加和校验以及循环冗余码校验等。

（1）奇偶校验。奇偶校验的特点是按字符校验，即在发送每个字符数据之后都附加一位奇偶校验位（1或0），当设置为奇校验时，数据中1的个数与校验位1的个数之和应为奇数；反之则为偶校验。收发双方应具有一致的差错校验设置，当接收1帧字符时，对1的个数进行校验，若奇偶性（收、发双方）一致则说明传输正确。奇偶校验只能检测到那种影响奇偶位数的错误，比低级且速度慢，一般只用在异步通信中。

（2）累加和校验。累加和校验是指发送方将所发送的数据块求和，并将"校验和"附加到数据块末尾。接收方接收数据时也是先对数据块求和，将所得结果与发送方的"校验和"进行比较，若两者相同，表示传送正确，若不同，则表示传送出了差错。"校验和"的加法运算可用逻辑加，也可用算术加。累加和校验的缺点是无法校验出字节或位序的错误。

（3）循环冗余码校验（CRC）。循环冗余码校验的基本原理是将一个数据块看成一个位数很长的二进制数，然后用一个特定的数去除它，将余数作校验码附在数据块之后一起发送。接收端收到数据块和校验码后，进行同样的运算来校验传输是否出错。

6. 波特率

波特率是表示串行通信传输数据速率的物理参数，其定义为在单位时间内传输的二进制bit数，用位/秒（bit/s）表示。如串行通信中的数据传输波特率为9600bit/s，意即每秒钟传输9600个bit，合计1200个字节。传输1bit所需要的时间为：

$$1/9600 = 0.000104 = 0.104\ (ms)$$

传输一个字节的时间为：$0.104 \times 8 = 0.832\ (ms)$

在异步通信中，常见的波特率通常有1200、2400、4800、9600等，其单位都是bit/s。高速的可以达到19200bit/s。异步通信中允许收发端的时钟（波特率）误差不超过5%。

7. 串行通信接口规范

由于串行通信方式能实现较远距离的数据传输，因此在远距离控制时或在工业控制现场通常使用串行通信方式来传输数据。由于在远距离数据传输时，普通的TTL或CMOS电平无法满足工业现场的抗干扰要求和各种电气性能要求，因此不能直接用于远距离的数据传输。国际电气工业协会EIA推进了RS-232、RS-485等接口标准。

（1）RS-232接口规范。RS-232-C是1969年EIA制定的在数据终端设兰的在数据终端设备（DTE）和数据通信设备（DCE）之间的二进制数据交换的串行接口，全称是EIA-RS-232-C协议，实际中常称RS-232，也称EIA-232，最初采用DB-25作为连接器，包含双通道，但是现在也有采用DB-9的单通道接口连接，RS-232C串行端口定义见表6-1。

表 6-1　　　　　　　　　　　　　　**RS-232C 串行端口定义**

DB9	信号名称	数据方向	说明
2	RXD	输入	数据接收端
3	TXD	输出	数据发送端
5	GND	–	地
7	RTS	输出	请求发送
8	CTS	输入	清除发送
9	DSR	输入	数据设备就绪

在实际中，DB9由于结构简单，仅需要3根线就可以完成全双工通信，所以在实际中应用广泛。表6-1中，RS-232采用负逻辑电平，用负电压表示数字信号逻辑"1"，用正电平表示数字信号的逻辑"0"。规定逻辑"1"的电压范围为-5~-15V，逻辑"0"的电压范围为+5~

+15V。RS-232-C 标准规定，驱动器允许有 2500pF 的电容负载，通信距离将受此电容限制，例如，采用 150pF/m 的通信电缆时，最大通信距离为 15m；若每米电缆的电容量减小，通信距离可以增加。传输距离短的另一原因是 RS-232 属单端信号传送，存在共地噪声和不能抑制共模干扰等问题，因此一般用于 20m 以内的通信。

（2）RS-485 接口规范。RS-485 标准最初由 EIA 于 1983 年制定并发布，后由通信工业协会修订后命名为 TIA/EIA-485-A，在实际中习惯上称之为 RS-485。RS-485 是为弥补 RS-232 的不足而提出的。为改进 RS-232 通信距离短、速率低的缺点，RS-485 定义了一种平衡通信接口，将传输速率提高到 10Mbit/s，传输距离延长到 4000 英尺（速率低于 100kbit/s 时），并允许在一条平衡线上连接最多 10 个接收器。RS-485 是一种单机发送、多机接收的单向、平衡传输规范，为扩展应用范围，随后又增加了多点、双向通信能，即允许多个发送器连接到同一条总线上，同时增加了发送器的驱动能力和冲突保护特性，扩展了总线共模范围，其特点如下：

1）差分平衡传输。

2）多点通信。

3）驱动器输出电压（带载）：$\geq |1.5V|$。

4）接收器输入门限：±200mV。

5）-7V 至 +12V 总线共模范围。

6）最大输入电流：1.0mA/-0.8mA（$12V_{in}/-7V_{in}$）。

7）最大总线负载：32 个单位负载（UL）。

8）最大传输速率：10Mbit/s。

9）最大电缆长度：3000m。

RS-485 接口是采用平衡驱动器和差分接收器的组合，抗共模干扰能力更强，即抗噪声干扰性好。RS-485 的电气特性用传输线之间的电压差表示逻辑信号，逻辑 "1" 以两线间的电压差为 +2~+6V 表示；逻辑 "0" 以两线间的电压差为 -2~-6V 表示。

RS-232-C 接口在总线上只允许连接 1 个收发器，即一对一通信方式。而 RS-485 接口在总线上允许最多 128 个收发器存在，具备多站能力，基于 RS-485 接口，可以方便组建设备通信网络，实现组网传输和控制。

由于 RS-485 接口具有良好的抗噪声干扰性，使之成为远传输距离、多机通信的首选串行接口。RS-485 接口使用简单，可以用于半双工网络（只需 2 条线），也可以用于全双工通信（需 4 条线）。RS-485 总线对于特定的传输线径，从发送端到接收端数据信号传输所允许的最大电缆长度是数据信号速率的函数，这个长度数据主要受信号失真及噪声等影响所限制，所以实际中 RS-485 接口均采用屏蔽双绞线作为传输线。

RS-485 允许总线存在多主机负载，其仅仅是一个电气接口规范，只规定了平衡驱动器和接收器的物理层电特性，而对于保证数据可靠传输和通信的连接层、应用层等协议并没有定义，需要用户在实际使用中予以定义。Modbus、RTU 等是基于 RS-485 物理链路的常见的通信协议。

（3）串行通信接口电平转换。

1）TTL/CMOS 电平与 RS-232 电平转换。TTL/CMOS 电平采用的是 0~5V 的正逻辑，即 0V 表示逻辑 0，5V 表示逻辑 1，而 RS-232 采用的是负逻辑，逻辑 0 用 +5~+15V 表示，逻辑 1 用 -5~-15V 表示。在 TTL/CMOS 的中，如果使用 RS-232 串行口进行通信，必须进行电平转换。MAX232 是一种常见的 RS-232 电平转换芯片，单芯片解决全双工通信方案，单电源工作，外围仅需少数几个电容器即可。

2）TTL/CMOS 电平与 RS-485 电平转换。RS-485 电平是平衡差分传输的，而 TTL/CMOS 是单极性电平，需要经过电平转换才能进行信号传输。常见的 RS-485 电平转换芯片有 MAX485、MAX487 等。

二、单片机的串行接口

1. MSP430 串行接口的组成

MSP430F149 有两个 USART 通信端口，其性能完全一样，通信串口可通过 RS232、RS485 等芯片转换，与之相应的串行接口电路通信。MSP430F449 支持串口异步、同步通信，每种方式都具有独立的帧格式和独立的控制寄存器。

MSP430 单片机串行接口主要由数据寄存器、控制寄存器、波特率发生器、发送移位寄存器、接收移位寄存器、奇偶校验电路等电路组成，其内部结构如图 6-8 所示。

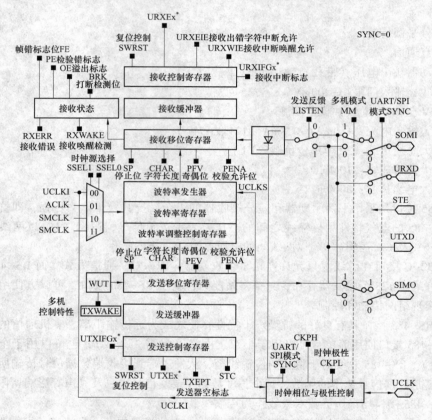

图 6-8　MSP430 串行接口内部结构图

2. 控制寄存器 U0CTL

控制寄存器 U0CTL 位定义见表 6-2。

表 6-2　　　　　　　　　　　　**控制寄存器 U0CTL 位定义**

位	B7	B6	B5	B4	B3	B2	B1	B0
符号	PENA	PEV	SPB	CHAR	LISTEN	SYNC	MM	SWRST

（1）PENA：校验允许位。0 为校验禁止；1 为校验允许。

（2）PEV：奇偶校验位，该位在校验允许时有效。0 为奇校验；1 为偶校验。

（3）SPB：停止位选择。决定发送的停止位数，但接收时接收器只检测 1 位停止位。0 为 1 位停止位；1 为 2 位停止位。

（4）CHAR：字符长度。0 为 7 位；1 为 8 位。

（5）LISTEN：反馈选择。选择是否发送数据由内部反馈给接收器。0 为无反馈；1 为有反馈。发送信号由内部反馈给接收器。

（6）SYNC：USART 模块的模式选择。0 为 UART 模式［异步］；1 为 SPI 模式［同步］。

（7）MM：多机模式选择位。0 为线路空闲多机协议；1 为地址位多机协议。

（8）SWRST：复位控制位。上电时该位被置位，此时 USART 状态机和运行标志初始化成复位状态。在串行口使用设置时，这一位起重要的作用。一次正确的 USART 模块初始化应该是这样设置过程的：先在 SWRST＝1 时设置，设置完串口后再设置 SWRST＝0；最后如需要中断，则设置相应的中断使能。

3. 发送控制寄存器 U0TCTL

发送控制寄存器 U0TCTL 位定义见表 6-3。

表 6-3　　　　　　　　　　　　　发送控制寄存器 U0TCTL 位定义

位	B7	B6	B5	B4	B3	B2	B1	B0
符号	未用	CKPL	SSEL1	SSEL0	URXSE	TXWAKE	未用	TXEPT

（1）CKPL：时钟极性控制位。0 为 UCLKI 信号与 UCLK 信号极性相同；1 为 UCLKI 信号与 UCLK 信号极性相反。

（2）SSEL1、SSEL0：时钟源选择，此两位确定波特率发生器的时钟源。0 为外部时钟 UCLKI；1 为辅助时钟 ACLK；2 为子系统时钟 SMCLK；3 为子系统时钟 SMCLK。

（3）URXSE：接收触发沿控制位。0 为没有接收触发沿检测；1 为有接收触发沿检测。

（4）TXWAKE：传输唤醒控制。0 为下一个要传输的字符为数据；1 为下一个要传输的字符是地址。

（5）TXEPT：发送器空标志，在异步模式与同步模式时是不一样的。0 为正在传输数据或者发送缓冲器（UTXBUF）有数据；1 为表示发送移位寄存器和 UTXBUF 空或者 SWRST＝1。

4. 接收控制寄存器 U0RCTL

接收控制寄存器 U0RCTL 位定义见表 6-4。

表 6-4　　　　　　　　　　　　　接收控制寄存器 U0RCTL 位定义

位	B7	B6	B5	B4	B3	B2	B1	B0
符号	FE	PE	OE	BRK	URXEIE	URXWIE	RXWAKE	RXERR

（1）FE：帧错误标志位。0 为没有帧错误；1 为帧错误。

（2）PE：校验错误标志位。0 为校验正确；1 为校验错误。

（3）OE：溢出标志位。0 为无溢出；1 为有溢出。

（4）BRK：打断检测位。0 为没有被打断；1 为被打断。

（5）URXEIE：接收出错中断允许位。0 为不允许中断，不接收出错字符并且不改变 URXIFG 标志；1 为允许中断，出错字符接收并且能够置位 URXIFG。

（6）URXWIE：接收唤醒中断允许位。当接收到地址字符时，该位能够置位 URXIFG，当 URXEIE＝0，如果接收内容有错误，该位不能置位 URXIFG。0 为所有接收的字符都能够置位

URXIFG；1 为只能接收到地址字符才能置位 URXIFG。

（7）RXWAKE：接收唤醒检测位。在地址位多机模式，接收字符地址位置位时，该机被唤醒，在线路空闲多机模式，在接收到字符前检测到 URXD 线路空闲时，该机被唤起，RXWAKE 置位。0 为没有被唤醒，接收到的字符是数据；1 为唤醒，接收的字符是地址。

（8）RXERR：接收错误标志位。0 为没有接收错误；1 为有接收到错误。

5. 波特率控制寄存器 U0BR0/U0BR1

波特率控制寄存器 U0BR0 和 U0BR1 两个寄存器是用于存放波特率分频因子的整数部分。U0BR0 存放低 8 位数据，U0BR1 存放高 8 位数据。各位的权重为 2^n 例如 B6，权重为 2^6。

6. 波特率调整控制寄存器 U0MCTL

波特率调整控制寄存器 U0MCTL 位定义见表 6-5。

表 6-5　　　　　　　接收控制寄存器 U0MCTL 位定义

位	B7	B6	B5	B4	B3	B2	B1	B0
符号	M7	M6	M5	M4	M3	M2	M1	M0

若波特率发生器的输入频率 BRCLK 不是所需波特率的整数倍，带有小数，则整数部分写 UBR 寄存器，小数部分由调整寄存器 UxMCTL 的内容反映。波特率由以下公式计算：

$$波特率 = BRCLK / (UBR + (M7 + M6 + \cdots M0) / 8)$$

7. 接收缓冲器 U0RXBUF

接收缓存存放移位寄存器最后接收的字符，可由用户访问。读接收缓存可以复位接收时产生的各种错误标志、RXWAKE 位和 URXIFGx 位。如果传输 7 位数据，接收缓存内容右对齐，最高位为 0。

8. 发送缓冲器 U0TXBUF

发送缓存内容可以传至发送移位寄存器，然后由 UTXDx 传输。对发送缓存进行写操作可以复位 UTXIFGx。如果传输出 7 位数据，发送缓存内容最高为 0。

9. MSP430F14 USART0 异步方式中断

MSP430F14 USART0 异步方式中断控制位见表 6-6。

表 6-6　　　　　　　USART0 异步方式中断控制位

特殊功能寄存器	接收中断控制位	发送中断控制位
IFG1	接收中断标志 URXIFG0	发送中断标志 UTXIFG0
IE1	接收中断使能 URXIE0	发送中断使能 UTXIE0
ME1	接收允许 URXE0	发送允许 UTXE0

三、串口通信程序与调试

1. 串口通信的子函数

（1）串口初始化函数。

```
/************************************************
//串口通信初始化函数
************************************************/
void USART_Init()
```

```
    {
        P3SEL |=0x30;                            //选择 P3.4 和 P3.5 做 UART 通信端口
        ME1 |=UTXE0+URXE0;                       //使能 USART0 的发送和接收
        UCTL0 |=CHAR;                            //8 位字符
        UTCTL0 |=SSEL0;                          //发送时钟选择 ACLK
        UBR00 =0x03;                             //波特率 9600
        UBR10 =0x00;                             //
        UMCTL0 =0x4A;                            //波特率调整
        UCTL0 & =~SWRST;                         //复位 UART 状态位 SWRST
        IE1 |=URXIE0;                            //使能 USART0 的接收中断
        _EINT();                                 //打开全局中断
    }
```

串口初始化时，首先是串口端口选择，使能 USART0 的发送和接收，设置通信协议，接着进行时钟选择，设置波特率，设置完成，复位 UART 状态位 SWRST。

若使用接收完毕中断，则使能 USART0 的接收中断，再开总中断。

（2）发送一个字节函数。该函数也有详细注释，读者自行理解就是。

```
void USART_Send(uchar8 Data)
    {
        while(!(IFG1& UTXIFG0));                 //等待以前的字符发送完毕
        U0TXBUF=Data;                            //U0TXBUF 赋值
    }
```

（3）发送一个字符串函数。

```
void USART_SendStr(uChar8 *pstr)
    {
        while(*pstr !='\0')
        {
            while(!(IFG1&UTXIFG0));              //TXBUF0 缓存空闲？
            TXBUF0 =*pstr++;                     //发送数据
        }
        while(!(IFG1&UTXIFG0));
        TXBUF0 ='\n';
    }
```

（4）串口接收中断函数。

```
#pragma vector=UART0RX_VECTOR
__interrupt void UART0_RXISR(void)
    {
        IE1 & =~URXIE0;                          //接收中断禁止
        RX[0]=U0RXBUF;                           //读取 U0RXBUF 的数据
        IFG1 & =~URXIFG0;                        //接收中断标志位复位
        IE1 |=URXIE0;                            //接收中断使能
    }
```

2. 串口调试要点

（1）电路、元件焊接要可靠。如果电路、元件焊接没焊好，即使程序没问题，也会因串口通信硬件问题而不能正常通信。

（2）注意串口连接电缆有两种，交叉连接电缆和直通电缆，一般使用交叉连接串口电缆。

（3）准备好一款串口调试工具。一般使用串口调试助手，可以帮助调试串口。

（4）注意串口安全。建议不要带电插拔串口，插拔串口连接线时，至少要有一端是断电的，否则会损坏串口。

3. PC 与单片机串口实验程序

计算机通过单片机发送和接收串口数据，每发送一个字节，单片机接收后，回送计算机发送的数据，并通过串口调试工具显示发送接收的数据。

PC 与单片机串口通信程序如下：

```c
#include "io430.h"
#include "in430.h"


/********************主函数********************/
void main(void)
{
    WDTCTL=WDTPW+WDTHOLD;            //关闭看门狗
    P6DIR |=BIT2;P6OUT |=BIT2;       //关闭电平转换
    P3SEL |=0x30;                    //选择 P3.4 和 P3.5 做 UART 通信端口
    ME1 |=UTXE0+URXE0;              //使能 USART0 的发送和接受
    UCTL0 |=CHAR;                    //8 位字符
    UTCTL0 |=SSEL0;                  //时钟选择 ACLK
    UBR00 =0x03;                     //波特率 9600
    UBR10 =0x00;                     //
    UMCTL0 =0x4A;                    //波特率调整
    UCTL0 & =~ SWRST;               //初始化 UART 状态机
    IE1 |=URXIE0;                    //使能 USART0 的接收中断

    while(1)
    {
        _EINT();                     //打开全局中断
        LPM1;                        //进入 LPM1 模式
        while(!(IFG1&UTXIFG0));      //等待以前的字符发送完毕
        TXBUF0 =RXBUF0;             //将收到的字符发送出去
    }
}
/*********************************************
函数名称:UART0_RXISR
功    能:UART0 的接收中断服务函数,在这里唤醒 CPU,使它退出低功耗模式
********************************************* /
#pragma vector=UART0RX_VECTOR
__interrupt void UART0_RXISR(void)
```

```
{
    LPM1_EXIT;                                    //退出低功耗模式
}
```

程序说明：

实验程序简单，只要初始化串口和相关的寄存器，就可以向串口发送数据。再通过串口接收数据。

⚙ 技能训练

一、训练目标

（1）学会使用单片机的串口中断。

（2）通过单片机的串口与计算机进行通信。

二、训练内容与步骤

1. 建立一个工程

（1）在 E：\ MSP430 \ M430 目录下，新建一个文件夹 F02。

（2）启动 IAR 软件。

（3）单击 "Project" 菜单下的 "Create New Project" 子菜单命令，弹出创建新工程的对话框。

（4）在 Project templates 工程模板中选择 "C" 语言项目，展开 C，选择 "main"。

（5）单击 "OK" 按钮，弹出保存项目对话框，在另存为对话框，输入工程文件名 "F002"，单击 "保存" 按钮。

2. 编写程序文件

在 main 中输入 "PC 与单片机串口通信" 程序，单击工具栏的保存按钮🖫，保存文件。

3. 编译程序

（1）右键单击 "F002_Debug" 项目，在弹出的菜单中选择 Option 选项，弹出选项设置对话框。

（2）在 Target 目标元件选项页，在 Device 器件配置下拉列表选项中选择 "MSP430F149"。

（3）设置完成，单击 "OK" 按钮确认。

（4）单击 "Project" 工程下的 "Make" 编译所有文件，或工具栏的 Make 按钮▦，编译所有项目文件。

（5）首次编译时，弹出保存工程管理空间对话框，在文件名栏输入 "F002"，单击保存按钮，保存工程管理空间。

4. 生成 TXT 文件

（1）项目编译成功后，单击工程管理空间中的工作模式切换栏的下拉箭头，选择 "Release" 软件发布选项，将软件工作模式切换到发布状态。

（2）右键单击 "F002_Debug" 项目，在弹出的菜单中选择 Option 选项，弹出选项设置对话框。

（3）选择 "Linker" 输出链接项目，单击 "Output" 输出选项页，勾选输出文件下的 "Override default" 覆盖默认复选框。

（4）单击 "OK" 按钮，完成生成 TXT 文件设置。

（5）再单击工具栏的 Make 按钮，编译所有项目文件，生成 F002. TXT 文件。

5. 下载调试程序

（1）下载程序。

1）将 MSP430F149 开发板的 USB 端口与电脑 USB 连接。

2）启动 MSP430 BSL 下载软件。

3）单击"Tool"工具菜单下的"Setup"设置子菜单，设置下载参数，选择 USB 下载端口，单击"OK"按钮，完成下载参数设置。

4）单击"File"文件菜单下的"Open"打开子菜单，弹出打开文件对话框，选择 F02 文件夹内的"Release"文件夹，打开文件夹，选择"F002. TXT"文件。

5）单击"打开"按钮，打开文件。

6）选择器件类型"MSP430F149"，单击"Auto"自动按钮，程序下载到 MSP430F149 开发板。

（2）调试。

1）通过 USB 转 RS-232 电缆将电脑的 USB 口与 MSP430F149 开发板的九针串口连接。

2）启动电脑串口调试助手，启动后的串口调试助手界面如图 6-9 所示。

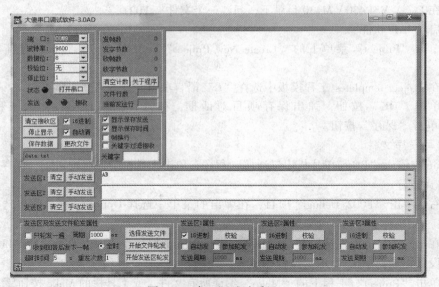

图 6-9　串口调试助手界面

3）设置串口参数，如图 6-10 所示。在串口设置中，串口设置为 COM2（根据电脑 USB 串口设置），波特率设置为 9600bit/s，数据位设置为 8 位，校验设置为"NONE"，停止位设置为 1 位。在数据文件接收设置中，不选中"16 进制"复选框，接收的数据设置为 ASCII 码，选中"16 进制"复选框，显示接收的 16 进制代码。在发送选择框，选择"显示保存发送"，发送数据被保存，并显示在接收栏。"显示保存时间"复选框，接收了数据窗显示发送时间。图 6-10 的端口设置框中，显示当前串口为关闭。

4）单击端口设置框中的打开按钮，打开串口。

5）在串口发送区 1 输入字符"AB"，如图 6-11 所示。

6）单击"手动发送"按钮。

7）观察串口调试助手接收区的显示数据。

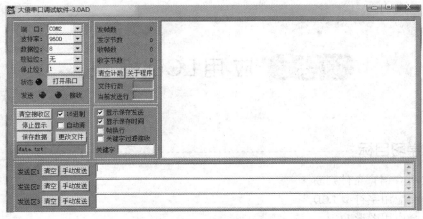

图 6-10　设置串口参数

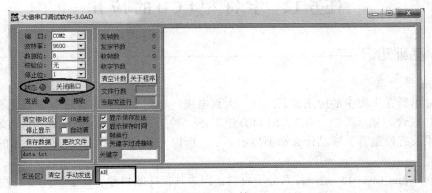

图 6-11　输入字符"AB"

8) 单击串口调试工具栏的清空按钮 ，清空接收区的数据。

习题 6

1. 单片机与计算机串口连接，设计串口发送、接收字符串程序，并用串口调试软件观察实验结果。

2. 使用发送中断、接收中断、数据缓冲器空中断，设计串口通信控制程序，进行字符发送与接收实验。

（1）应用 C 语言条件判断。
（2）学会应用字符型 LCD。
（3）学会应用图形 LCD。

任务 12　字 符 型 LCD 的 应 用

1. 液晶显示器

液晶显示器在工程中的应用极其广泛，大到电视，小到手表，液晶的身影无处不在。虽然 LED 发光二极管的显示屏很"热"，但 LCD 绝对不"冷"。液晶显示器背后有一个支持它的控制器，如果没有控制器，液晶什么都不显示不了，所以先学习好单片机，那么液晶的控制就容易了。

液晶（Liquid Crystal）是一种高分子材料，因为其特殊的物理、化学、光学特性，20 世纪中叶开始广泛应用在轻薄型显示器上。液晶显示器（Liquid Crystal Display，LCD）的主要原理是以电流刺激液晶分子产生点、线、面并配合背光灯管构成画面。为简述方便，通常把各种液晶显示器都直接叫做液晶。

各种型号的液晶通常是按照显示字符的行数或液晶点阵的行、列数来命名的。例如：1602 的意思是每行显示 16 个字符，一共可以显示两行。类似的命名还有 1601、0802 等，这类液晶通常都是字符液晶，即只能显示字符，如数字、大小写字母、各种符号等；12864 液晶属于图形型液晶，它的意思是液晶有 128 列、64 行组成，即通过 128 * 64 个点（像素）来显示各种图形，类似的命名还有 12832、19264、16032、240128 等，当然，根据客户需求，厂家还可以设计出任意组合的点阵液晶。

目前特别流行的一种屏 TFT（Thin Film Transistor）即薄膜场效应晶体管。所谓薄膜晶体管，是指液晶显示器上的每一液晶像素点都是由集成在其后的薄膜晶体管来驱动。从而可以做到高速度、高亮度、高对比度显示屏幕信息。TFT 属于有源矩阵液晶显示器。TFT-LCD 液晶显示屏是薄膜晶体管型液晶显示屏，也就是"真彩"显示屏。

在这里，作者主要带领读者学习两种液晶显示屏：1602 和 12864，掌握了这两种，其他屏都是大同小异。TFT 彩屏若是用 8 位单片机来控制，实在有些强人所难，因此这里不做过多的介绍，等以后学了 STM32 或者 FPGA 之后，再学 TFT 彩屏的控制吧。

2. 1602 液晶显示器的工作原理

（1）1602 液晶显示器的工作电压为 5V，内置 192 种字符（160 个 5×7 点阵字符和 32 个 5×

10 点阵字符），具有 64 个字节的 RAM，通信方式有 4 位、8 位两种并口可选。1602 液晶显示器如图 7-1 所示。

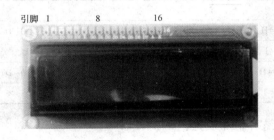

引脚 1   8   16

图 7-1   1602 液晶显示器

（2）1602 液晶接口定义见表 7-1。

表 7-1   1602 液晶接口定义

管教号	符号	功　能
1	Vss	电源地（GND）
2	Vdd	电源电压（+5V）
3	VO	LCD 驱动电压（可调）一般接一电位器来调节电压
4	RS	指令、数据选择端（RS＝1→数据寄存器；RS＝0→指令寄存器）
5	R/W	读、写控制端（R/W＝1→读操作；R/W＝0→写操作）
6	E	读写控制输入端（读数据：高电平有效；写数据：下降沿有效）
7~14	DB0~DB7	数据输入/输出端口（8 位方式：DB0~DB7；4 位方式：DB0~DB3）
15	A	背光灯的正端+5V
16	K	背光灯的负端 0V

（3）RAM 地址映射图。控制器内部带有 80×8 位（80 字节）的 RAM 缓冲区，对应关系如图 7-2 所示。

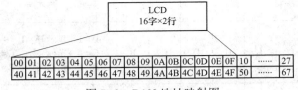

图 7-2   RAM 地址映射图

对于初学者来说，可能一看到此图就会觉得这个图很难，但事实并非如此。对于此图作者只说两点。

1）两行的显示地址分别为：00~0F、40~4F，隐藏地址分别为 10~27、50~67。意味着写在（00~0F、40~4F）地址的字符可以显示，（10~27、50~67）地址的不能显示，要显示，一般通过移屏指令来实现。

2）RAM 通过数据指针来访问。液晶内部有个数据地址指针，因而就能很容易的访问内部 80 个字节的内容了。

（4）操作指令。

1）基本操作指令。基本操作指令表见表7-2。

表 7-2　　　　　　基 本 操 作 指 令 表

读写操作	输　　入	输　　出
读状态	RS=L，RW=H，E=H	D0~D7（状态字）
写指令	RS=L，RW=L，D0~D7=指令，E=高脉冲	无
读数据	RS=H，RW=H，E=H	D0~D7（数据）
写数据	RS=H，RW=L，D0~D7=数据，E=高脉冲	无

2）状态字说明。状态字分布表见表7-3。

表 7-3　　　　　　状 态 字 分 布 表

STA7 D7	STA6 D6	STA5 D5	STA4 D4	STA3 D3	STA2 D2	STA1 D1	STA0 D0
STA0~STA6			当前地址指针的数值			—	
STA7			读/写操作使能			1：禁止 0：使能	

对控制器每次进行读写操作之前，都必须进行读写检测，确保 STA7 为 0。也即一般程序中见到的判断忙操作。

3）常用指令。常用指令表见表7-4。

表 7-4　　　　　　常 用 指 令 表

指令名称	指令码								功能说明
	D7	D6	D5	D4	D3	D2	D1	D0	
清屏	L	L	L	L	L	L	L	H	清屏：1. 数据指针清零 2. 所有显示清零
归位	L	L	L	L	L	L	H	*	AC=0，光标、画面回 HOME 位
输入方式设置	L	L	L	L	L	H	ID	S	ID=1→AC 自动增1； ID=0→AC 减 1 S=1→画面平移； S=0→画面不动
显示开关控制	L	L	L	L	H	D	C	B	D=1→显示开；D=0→显示关 C=1→光标显示；C=0→光标不显示 B=1→光标闪烁；B=0→光标不闪烁
移位控制	L	L	L	H	SC	RL	*	*	SC=1→画面平移一个字符； SC=0→光标 R/L=1→右移；R/L=0→左移；
功能设定	L	L	H	DL	N	F	*	*	DL=0→8 位数据接口； DL=1→4 位数据接口； N=1→两行显示；N=0→一行显示 F=1→5*10 点阵字符；F=0→5*7

（5）数据地址指针设置。数据地址指针设置表见表7-5。

表 7-5　　　　　　　　　　　　　数据地址指针设置表

指令码	功能（设置数据地址指针）
0x80+（0x00~0x27）	将数据指针定位到：第一行（某地址）
0x80+（0x40~0x67）	将数据指针定位到：第二行（某地址）

（6）写操作时序图。写操作时序图如图7-3所示。

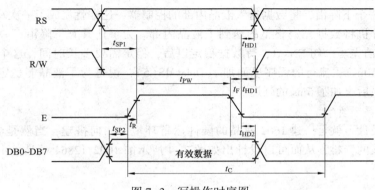

图 7-3　写操作时序图

接着看看时序参数，具体见表7-6。

表 7-6　　　　　　　　　　　　　　时 序 参 数 表

时序名称	符合	极限值			单位	测试条件
		最小值	典型值	最大值		
E 信号周期	t_C	400	—	—	ns	引脚 E
E 脉冲宽度	t_{PW}	150	—	—	ns	
E 上升沿/下降沿时间	t_R, t_F	—	—	25	ns	
地址建立时间	t_{SP1}	30	—	—	ns	引脚 E、RS、R/W
地址保持时间	t_{HD1}	10	—	—	ns	
数据建立时间	t_{SP2}	40	—	—	ns	引脚 DB0~DB7
数据保持时间	t_{HD2}	10	—	—	ns	

液晶一般是用来显示的，所以这里主要讲解如何写数据和写命令到液晶，关于读操作（一般用不着）就留给读者自行研究了。

时序图，顾名思义，与时间、顺序有关。时序图与时间有严格的关系，可精确到 ns 级；与顺序亦有关，但这个顺序严格说应该是与信号在时间上的有效顺序，与图中信号线是上还是下没关系。程序运行是按顺序执行的，可是这些信号是并行执行的，就是说只要这些时序有效之后，上面的信号都会运行，只是运行与有效不同罢了，因而这里的有效时间不同就导致了信号的时间顺序不同。厂家在做时序图时，一般会把信号按照时间的有效顺序从上到下的排列，所以操作的顺序也就变成了先操作最上边的信号，接着依次操作后面的。结合上述讲解，来详细说明图7-3所示的写操作时序图。

1）通过 RS 确定是写数据还是写命令。写命令包括数据显示在什么位置、光标显示/不显示、光标闪烁/不闪烁、需/不需要移屏等。写数据是指要显示的数据是什么内容。若此时要写指令，结合表 7-6 和图 7-3 可知，就得先拉低 RS(RS=0)；若是写数据，那就是 RS=1。

2）读/写控制端设置为写模式，那就是 RW=0。注意，按道理应该是先写一句 RS=0(1) 之后延迟 t_{SP1}（最小 30ns），再写 RW=0，可单片机操作时间都在 μs 级，所以就不用特意延迟了。

3）将数据或命令送达到数据线上。形象的可以理解为此时数据在单片机与液晶的连线上，没有真正到达液晶内部。虽然事实并不是这样，而是数据已经到达液晶内部，只是没有被运行罢了，执行语句为 PB=Data(Commond)。

4）给 EN 一个下降沿，将数据送入液晶内部的控制器，这样就完成了一次写操作。形象的理解为此时单片机将数据完完整整的送到了液晶内部。为了让其有下降沿，一般在 PB=Data (Commond) 之前先写一句 EN=1，待数据稳定以后，稳定需要多长时间，这个最小的时间就是图中的 t_{PW}(150ns)，流行的程序里面加了 DelayMS(5)，说是为了液晶能稳定运行，作者在调试程序时，最后也加了 5ms 的延迟。

3. 1602 液晶硬件

所谓硬件设计，就是搭建 1602 液晶的硬件运行环境，如何搭建，当然是参考数据手册，因为那是最权威的资料，从而可以设计出如图 7-4 所示的 1602/12864 液晶显示接口电路，具体接口定义如下。

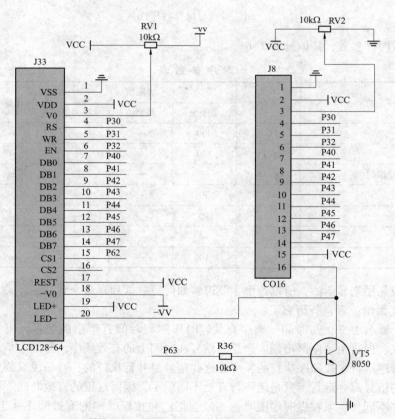

图 7-4　1602/12864 液晶显示接口电路

（1）液晶 1(16)、2(15) 分别接 GND(0V) 和 Vcc(5V)。

（2）液晶 3 端为液晶对比度调节端，MSP430F149 实验板用一个 10kΩ 电位器来调节液晶对比度。第一次使用时，在液晶上电状态下，调节至液晶上面一行显示出黑色小格为止。经作者测试，此时该端电压一般为 0.5V 左右。简单接法可以直接接一个 1kΩ 的电阻到 GND。

（3）液晶 4 端为向液晶控制器写数据、命令选择端，接 MSP430 单片机的 P3.0 口。

（4）液晶 5 端为读、写选择端，接 MSP430 单片机的 P3.1 口。

（5）液晶 6 端为使能信号端，接 MSP430 单片机的 P3.2 口。

（6）液晶 7~14 为 8 位数据端口，依次接 MSP430 单片机的 P4 口。

4. 1602 液晶静态显示控制程序

（1）控制要求：让 1602 液晶第一、二行分别显示 "^_^ Welcome ^_^"、" I LOVE MSP430"。

（2）控制程序。

1）编写 lcd1502.h 文件。

```
#ifndef __LCD1602_H
#define __LCD1602_H
void DisPlayStr(unsigned char x,unsigned char y,unsigned char *ptr);
void DisPlayNChar(unsigned char x,unsigned char y,unsigned char n,unsigned char
*ptr);
void LocateXY(unsigned char x,unsigned char y);
void DisPlay1Char(unsigned char x,unsigned char y,unsigned char data);
void LcdReset(void);
void LcdWriteCommand(unsigned char cmd,unsigned char chk);
void LcdWriteData(unsigned char data);
void WaitForEnable(void);
void Delayms(unsigned int Vms);
#endif
```

2）编写 lcd1602.c 文件。

```
#include"msp430.h"
#include"lcd1602.h"
typedef unsigned char uchar;
typedef unsigned int  uint;
/**************宏定义**************/
#define DataDir     P4DIR
#define DataPort    P4OUT
#define Busy    0x80
#define CtrlDir     P3DIR
#define RS_L() P3OUT&=~BIT0    //P3.0,RS=0
#define RS_H() P3OUT|=BIT0     //RS=1
#define RW_L() P3OUT&=~BIT1    //P3.1,RW=0
#define RW_H() P3OUT|=BIT1     //RW=1
#define EN_L() P3OUT&=~BIT2    //P3.2,EN=0
#define EN_H() P3OUT|=BIT2     //EN=1
/**********************************************/
函数名称:DisPlayStr
```

功　　能:让液晶从某个位置起连续显示一个字符串
参　　数:x--列坐标
　　　　　y--行坐标
　　　　　pstr--指向字符串存放位置的指针
**/
```c
void DisPlayStr(uchar x,uchar y,uchar*pstr)
{
    uchar * temp;
    uchar i,n=0;

    temp=pstr;
    while(* pstr++ !=' \0')  n++;    //计算字符串有效字符的个数

    for (i=0;i<n;i++)
    {
        DisPlay1Char(x++,y,temp[i]);
        if (x==0x0f)
        {
            x  =0;
            y ^=1;
        }
    }
}
```
/**
函数名称:DisPlayNchar
功　　能:液晶从位置 y,x 起连续显示 N 个字符
参　　数:y--位置的行坐标,x--位置的列坐标
　　　　　n--字符个数
　　　　　pstr--指向字符存放位置的指针
**/
```c
void DisPlayNChar(uchar x,uchar y,uchar n,uchar * pstr)
{
    uchar i;
    for(i=0;i<n;i++)
    {
        DisPlay1Char(x++,y,pstr[i]);
        if(x==0x0f)
        {
            x=0;
            y ^=1;
        }
    }
}
```
/**

函数名称:LocateXY

功　　能:液晶显示字符位置的坐标

参　　数:x--位置的列坐标

　　　　　y--位置的行坐标

`********************************************/`

```
void LocateXY(uchar x,uchar y)
{
    uchar temp;

    temp=x&0x0f;
    y&=0x01;
    if(y)   temp|=0x40;            //如果在第2行
    temp|=0x80;

    LcdWriteCommand(temp,1);
}
/********************************************
```

函数名称:DisPlay1Char

功　　能:在某个位置显示一个字符

参　　数:x--位置的列坐标

　　　　　y--位置的行坐标

　　　　　data--显示的字符数据

返 回 值:无

`********************************************/`

```
void DisPlay1Char(uchar x,uchar y,uchar data)
{
    LocateXY(x,y);
    LcdWriteData(data);
}
/********************************************
```

函数名称:LcdReset

功　　能:对1602液晶模块进行初始化复位操作

`********************************************/`

```
void LcdReset(void)
{
    CtrlDir|=0x07;                //控制线端口设为输出状态
    DataDir =0xFF;                //数据端口设为输出状态

    LcdWriteCommand(0x38,0);    //规定的复位操作
    Delayms(5);
    LcdWriteCommand(0x38,0);
    Delayms(5);
    LcdWriteCommand(0x38,0);
    Delayms(5);
```

```
    LcdWriteCommand(0x38,1);        //显示模式设置
    LcdWriteCommand(0x08,1);        //显示关闭
    LcdWriteCommand(0x01,1);        //显示清屏
    LcdWriteCommand(0x06,1);        //写字符时整体不移动
    LcdWriteCommand(0x0c,1);        //显示开,不开游标,不闪烁
}
/***********************************************
函数名称:LcdWriteCommand
功    能:向液晶模块写入命令
参    数:cmd--命令,
         chk--是否判忙的标志,1:判忙,0:不判
*********************************************** /
void LcdWriteCommand(uchar cmd,uchar chk)
{
    if (chk) WaitForEnable();    //检测忙信号?

    RS_L();
    RW_L();
    _NOP();

    DataPort=cmd;                   //将命令字写入数据端口
    _NOP();

    EN_H();                         //产生使能脉冲信号
    _NOP();
    _NOP();
    EN_L();
}


/***********************************************
函数名称:LcdWriteData
功    能:向液晶显示的当前地址写入显示数据
参    数:data--显示字符数据
*********************************************** /
void LcdWriteData(uchar data)
{
    WaitForEnable();                //等待液晶不忙
    RS_H();
    RW_L();
    _NOP();

    DataPort=data;                  //将显示数据写入数据端口
    _NOP();
```

```
    EN_H();                      //产生使能脉冲信号
    _NOP();
    _NOP();
    EN_L();
}
/*********************************************
函数名称:WaitForEnable
功    能:等待1602液晶完成内部操作
********************************************* /
void WaitForEnable(void)
{
    P4DIR&=0x00;                 //将P4口切换为输入状态

    RS_L();
    RW_H();
    _NOP();
    EN_H();
    _NOP();
    _NOP();

    while((P4IN& Busy)! =0);     //检测忙标志

    EN_L();

    P4DIR|=0xFF;                 //将P4口切换为输出状态
}


/*********************************************
函数名称:Delayms
功    能:延时Vms
********************************************* /
void Delayms(uint Vms)
{
    uint i;
    while (Vms--);
    {i=8000;
    while (i--);
    }
}
```

3) 编写 main.c 文件。

```
#include"msp430.h"
#include"lcd1602.c"
```

```
uchar * str1="^_^ Welcome ^_^ ";
uchar * str2="I love MSP430";

void main(void)
{

    /*下面六行程序关闭所有的 IO 口*/
    P1DIR=0XFF;P1OUT=0XFF;
    P2DIR=0XFF;P2OUT=0XFF;
    P3DIR=0XFF;P3OUT=0XFF;
    P4DIR=0XFF;P4OUT=0XFF;
    P5DIR=0XFF;P5OUT=0XFF;
    P6DIR=0XFF;P6OUT=0XFF;

    WDTCTL=WDT_ADLY_250;          //间隔定时器,定时 16ms
    P6DIR|=BIT2;P6OUT|=BIT2;      //关闭电平转换,启用 LCD 背光
    LcdReset();
    DisPlayStr(0,0,str1);         //第 1 行显示字符串 1

    DisPlayStr(1,1,str2);         //第 2 行显示字符串 2
}
```

4）程序说明。控制程序由 3 个文件组成。lcd1602. h 和 lcd1602. c 文件构成 LCD1602 液晶驱动模块文件，lcd1602. h 文件声明驱动 LCD1602 液晶的函数。在 lcd1602. c 文件中，首先定义便于程序移植的新数据类型，接着进行 LCD1602 控制线驱动语句，最后定义驱动 LCD1602 的函数。

在 main. c 文件中，通过包含 lcd1602. c 文件，使用 LCD1602 驱动函数。接着定义两个要显示的字符串。

在主程序中，首先关闭看门狗，关闭电平转换，调用 LCD1602 初始化函数，接着写第一行数据，然后写第 2 行数据。

 技能训练

一、训练目标

（1）学会使用 1602 液晶显示器。
（2）通过单片机的控制 1602 液晶显示器。

二、训练内容与步骤

1. 建立一个工程

（1）在 E：\MSP430\M430 目录下，新建一个文件夹 G01。
（2）启动 IAR 软件。
（3）单击 "Project" 菜单下的 "Create New Project" 子菜单，弹出创建新工程的对话框。
（4）在 Project templates 工程模板中选择 "C" 语言项目，展开 C，选择 "main"。

（5）单击"OK"按钮，弹出保存项目对话框，在另存为对话框输入工程文件名"G001"，单击"保存"按钮。

（6）新建两个文件，Untitled1、Untitled2，分别另存为"lcd1602.h"、"lcd1602.c"，保存在 G01 文件夹内。

2. 编写程序文件

（1）编辑 lcd1602.h 文件。

（2）编辑 lcd1602.c 文件。

（3）编辑 main.c 文件。

（4）保存全部文件。

3. 编译程序

（1）右键单击"G001_Debug"项目，在弹出的菜单中执行的 Option 选项命令，弹出选项设置对话框。

（2）在 Target 目标元件选项页，在 Device 器件配置下拉列表选项中选择"MSP430F149"。

（3）设置完成，单击"OK"按钮确认。

（4）单击"Project"工程下的"Make"编译所有文件，或工具栏的 Make 按钮，编译所有项目文件。

（5）首次编译时，弹出保存工程管理空间对话框，在文件名栏输入"G001"，单击保存按钮，保存工程管理空间。

4. 生成 TXT 文件

（1）项目编译成功后，鼠标单击工程管理空间中的工作模式切换栏的下拉箭头，选择"Release"软件发布选项，将软件工作模式切换到发布状态。

（2）右键单击"G001_Debug"项目，在弹出的菜单中单击 Option 选项，弹出选项设置对话框。

（3）选择"Linker"输出链接项目，单击"Output"输出选项页，勾选输出文件下的"Override default"覆盖默认复选框。

（4）单击"OK"按钮，完成生成 TXT 文件设置。

（5）再单击工具栏的 Make 按钮，编译所有项目文件，生成 G001.TXT 文件。

5. 下载调试程序

（1）将 LCD1602 插入 MSP430F149 开发板。

（2）将 MSP430F149 开发板的 USB 端口与电脑 USB 连接。

（3）启动 MSP430 BSL 下载软件。

（4）单击"Tool"工具菜单下的"Setup"设置子菜单命令，设置下载参数，选择 USB 下载端口，单击"OK"按钮，完成下载参数设置。

（5）单击"File"文件菜单下的"Open"，打开子菜单命令，弹出打开文件对话框，选择G01 文件夹内"Release"文件夹，打开文件夹，选择"G001.TXT"文件。

（6）单击"打开"按钮，打开文件。

（7）选择器件类型"MSP430F149"，单击"Auto"自动按钮，程序下载到 MSP430F149 开发板。

（8）调试。

1）观察液晶 1602 显示屏的字符显示信息。

2）如果看不到信息，可以调节液晶 1602 显示屏组件右下方的背光控制电位器，调节液晶对比度，直到看清字符显示信息。

3）在显示字符数组定义中，第 1 行输入"Str1 = "Study Well";"，第 2 行输入"Str2 = "Make

Progress";"

4）重新编译、下载程序，观察液晶 1602 显示屏的字符显示信息。

任务 13　液晶 12864 显示控制

💡 基础知识

液晶 12864 的像素是 128×64 点，表示其横向可以显示 128 个点，纵向可显示 64 个点。常用的液晶 12864 模块中有黄绿背光的、蓝色背光的，有带字库的、有不带字库的，其控制芯片也有很多种，如 KS0108、T6863、ST7920 等，这里以 ST7920 为控制芯片的 12864 液晶屏为例，来学习其驱动原理，作者所使用的是深圳亚斌显示科技有限公司的带中文字库、蓝色背光液晶显示屏（YB12864-ZB）。

1. 液晶显示屏特性

（1）硬件特性。提供 8 位、4 位并行接口及串行接口可选、64×16 位字符显示 RAM（DDRAM 最多 16 字符）等。

（2）软件特性。文字与图形混合显示功能、可以自由的设置光标、显示移位功能、垂直画面旋转功能、反白显示功能、休眠模式等。

2. 液晶引脚定义

12864 液晶引脚定义见表 7-7。

表 7-7　　　　　　　　12864 液晶引脚定义表

管脚号	名称	形态	电平	功能描述	
				并口	串口
1	VSS	I	—	电源地	
2	VCC	I	—	电源正极	
3	Vo	I	—	LCD 驱动电压（可调）一般接一电位器来调节电压	
4	RS（CS）	I	H/L	寄存器选择：H→数据；L→命令	片选（低有效）
5	RW（SIO）	I	H/L	读写选择：H→读；L→写	串行数据线
6	E（SCLK）	I	H/L	使能信号	串行时钟输入
7~10	DB0~DB3	I	H/L	数据总线低 4 位	
11~14	DB4~DB7	I/O	H/L	数据总线高 4 位，4 位并口时空	—
15	PSB	I/O	H/L	并口/串口选择：H→并口	L→串口
16	NC	I		空脚（NC）	
17	/RST	I		复位信号，低电平有效	
18	VEE（Vout）	I		空脚（NC）	
19	BLA	I		背光负极	
20	BLK	I		背光正极	

3. 操作指令简介

其实 12864 的操作指令与 1602 的操作指令非常相似，因此，只要掌握了 1602 的操作方法，就能很快的掌握 12864 的操作方法。

（1）基本的操作时序。基本操作时序表见表7-8。

表 7-8 　　　　　　　　　基 本 操 作 时 序 表

读写操作	输　　入	输　　出
读状态	RS=L，RW=H，E=H	D0~D7（状态字）
写指令	RS=L，RW=L，D0~D7=指令，E=高脉冲	无
读数据	RS=H，RW=H，E=H	D0~D7（数据）
写数据	RS=H，RW=L，D0~D7=数据，E=高脉冲	无

（2）状态字说明。状态字分布表见表7-9。

表 7-9 　　　　　　　　　状 态 字 分 布 表

STA7 D7	STA6 D6	STA5 D5	STA4 D4	STA3 D3	STA2 D2	STA1 D1	STA0 D0
STA0~STA6			当前地址指针的数值		—		
STA7			读/写操作使能		1：禁止 0：使能		

对控制器每次进行读写操作之前，都必须进行读写检测，确保 STA7 为 0。也即一般程序中见到的判断忙操作。

（3）基本指令。基本指令表见表7-10。

表 7-10 　　　　　　　　　基 本 指 令 表

指令名称	指令码								指　令　说　明
	D7	D6	D5	D4	D3	D2	D1	D0	
清屏	L	L	L	L	L	L	L	H	清屏：1. 数据指针清零 2. 所有显示清零
归位	L	L	L	L	L	L	H	*	AC=0，光标、画面回 HOME 位
输入方式设置	L	L	L	L	L	H	ID	S	ID=1→AC 自动增一； ID=0→AC 减一 S=1→画面平移； S=0→画面不动
显示开关控制	L	L	L	L	H	D	C	B	D=1→显示开；D=0→显示关 C=1→游标显示；C=0→游标不显示 B=1→游标反白；B=0→光标不反白
移位控制	L	L	L	H	SC	RL	*	*	SC=1→画面平移一个字符； SC=0→光标 R/L=1→右移；R/L=0→左移
功能设定	L	L	H	DL	*	RE	*	*	DL=0→8 位数据接口； DL=1→4 位数据接口 RE=1→扩充指令 RE=0→基本指令

续表

指令名称	指令码								指令说明
	D7	D6	D5	D4	D3	D2	D1	D0	
设定 CGRAM 地址	L	H	A5	A4	A3	A2	A1	A0	设定 CGRAM 地址到地址计数器（AC），AC 范围为 00H~3FH 需确认扩充指令中 SR＝0
设定 DDRAM 地址	H	L	A5	A4	A3	A2	A1	A0	设定 DDRAM 地址计数器（AC） 第一行 AC 范围：80H~8FH 第二行 AC 范围：90H~9FH

（4）扩充指令。扩充指令表见表 7-11。

表 7-11　　　　　　　　　　扩 充 指 令 表

指令名称	指令码								指令说明
	D7	D6	D5	D4	D3	D2	D1	D0	
待命模式	L	L	L	L	L	L	L	H	进入待命模式后，其他指令都可以结束待命模式
卷动 RAM 地址选择	L	L	L	L	L	L	H	SR	SR＝1→允许输入垂直卷动地址 SR＝0→允许输入 IRAM 地址（扩充指令）及设定 CGRAM 地址
反白显示	L	L	L	L	L	H	L	R0	R0＝1→第二行反白；R0＝0→第一行反白（与执行次数有关）
睡眠模式	L	L	L	L	H	SL	L	L	D＝1→脱离睡眠模式； D＝0→进入睡眠模式
扩充功能	L	L	H	DL	*	RE	G	*	DL＝1→8 位数据接口； DL＝0→4 位数据接口 RE＝1→扩充指令集； RE＝0→基本指令集 G＝1→绘图显示开； G＝0→绘图显示关
设定 IRAM 地址卷动地址	L	H	A5	A4	A3	A2	A1	A0	SR＝1→A5~A0 为垂直卷动地址 SR＝0→A3~A0 为 IRAM 地址
设定绘图 RAM 地址	H	L	L	L	A3	A2	A1	A0	垂直地址范围：AC6~AC0
		A6	A5	A4	A3	A2	A1	A0	水平地址范围：AC3~AC0

4. 操作时序图简介

（1）8 位并口操作模式图如图 7-5 所示。

（2）4 位并口操作模式图如图 7-6 所示。

（3）串行操作模式图如图 7-7 所示。

（4）写操作时序图具体如图 7-8 所示。

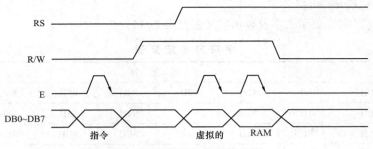

图 7-5　8 位并行操作模式图

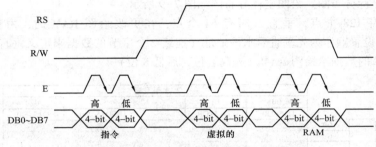

图 7-6　4 位并口操作模式图

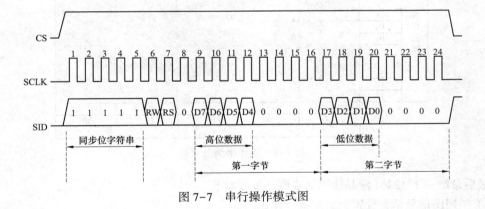

图 7-7　串行操作模式图

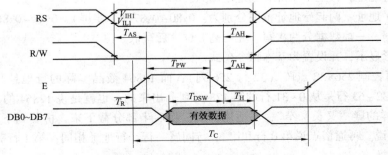

图 7-8　写数据到液晶时序图

5. 显示坐标设置

（1）字符（汉字）显示。字符显示定义表见表7-12。

表7-12　　　　　　　　　　　　字 符 显 示 定 义 表

行名称	列　地　址							
第一行	80H	81H	82H	83H	84H	85H	86H	87H
第二行	90H	91H	92H	93H	94H	95H	96H	97H
第三行	88H	89H	8AH	8BH	8CH	8DH	8EH	8FH
第四行	98H	99H	9AH	9BH	9CH	9DH	9EH	9FH

（2）绘图坐标分布图。绘图坐标分布图如图7-9所示。

水平方向有128个点，垂直方向有64个点，在更改绘图RAM时，由扩充指令设置GDRAM地址，设置顺序为先垂直后水平地址（连续2个字节的数据来定义垂直和水平地址），最后是2个字节的数据给绘图RAM（先高8位，后低8位）。

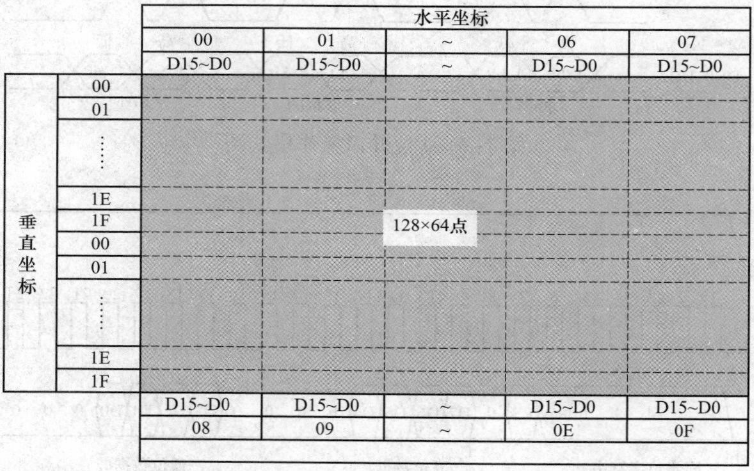

图7-9　绘图坐标分布图

最后总结一下12864液晶绘图的步骤，步骤如下。

1）关闭图形显示，设置为扩充指令模式。

2）写垂直地址，分上下半屏，地址范围为：0~31。

3）写水平地址，两起始地址范围分别为：0x80~0x87（上半屏）、0x88~0x8F（下半屏）。

4）写数据，一帧数据分两次写，先写高8位，后写低8位。

5）开图形显示，并设置为基本指令模式。

ST7920可控制256×32点阵（32行256列），而12864液晶实际的行地址只有0~31行，12864液晶的32~63行是从0~31行的第128列划分出来的。也就是说12864的实质是"256×32"，只是这样的屏"又长又窄"，不适用，所以将后半部分截下来，拼装到下面，因而有了上下两半屏之说。再通俗点说第0行和第32行同属一行，行地址相同；第1行和第33行同属一行，以此类推。

6. 控制电路

12864提供了串行和并行两种连接方式。串行（SPI）连接方式的优点是可以节省数据连接线（即处理器的 I/O 口），缺点是显示更新速度与稳定性比并行连接方式差，所以一般用并行 8 位的方式来操作液晶，但是 MSP430F149 实验板，在设计时是兼顾了这几种操作方式的。

MSP430F149 实验板上 12864 液晶连接图见图 7-4，具体接口定义如下。

（1）液晶 1、2 为电源接口；19、20 为背光电源。

（2）液晶 3 端为液晶对比度调节端，MSP430F149 实验板上连接一个 10kΩ 电位器 RV1 来调节液晶对比度。第一次使用时，在液晶上电状态下，调节至液晶上面一行显示出黑色小格为止。

（3）液晶 4 端为向液晶控制器写数据、命令选择端，接单片机的 P3.0 口。

（4）液晶 5 端为读、写的选择端，接单片机的 P3.1 口。

（5）液晶 6 端为使能信号端，接单片机的 P3.2 口。

（6）液晶 15 端为串、并口的选择端，此处接 P6.2G 的高电平，选择并行数据方式。

（7）液晶 16、18 为空管脚口，在硬件上不做连接。

（8）液晶 17 端为复位端，低电平有效。由于液晶具有自动复位功能，所以此处直接接 VCC，即再不需要复位。

（9）液晶 7~14 为 8 位数据端口，依次接单片机的 P4 口。

7. 软件设计

有了操作 1602 液晶的基础，12864 液晶操作起来就变得很简单了。若要简单显示字符，完全可以借鉴操作 1602 的方法。把给 1602 液晶控制的 HEX 文件，下载到单片机中，插上 12864 液晶，此时，在 1602 液晶中第一行能显示的字符，也能显示在 12864 液晶中。

（1）显示要求。利用 12864 液晶，4 行分别显示 "春眠不觉晓，"、"处处闻啼鸟。"、"夜来风雨声，"、"花落知多少。" 语句。

（2）12864 液晶汉字显示参考程序。

```
#include "io430.h"
#include <string.h>
typedef unsigned char uchar;
typedef unsigned int uint;
//宏定义,便于移植
#define RS_L()P3OUT&=~BIT0    //RS=P3.0
#define RS_H()P3OUT|=BIT0
#define RW_L()P3OUT&=~BIT1    //RW=P3.1
#define RW_H()P3OUT|=BIT1
#define EN_L()P3OUT&=~BIT2    //EN=P3.2
#define EN_H()P3OUT|=BIT2


//定义字符串
char Text_1[]={"春眠不觉晓,"};
char Text_2[]={"处处闻啼鸟。"};
char Text_3[]={"夜来风雨声,"};
char Text_4[]={"花落知多少。"};
/*************************************************
```

```
//延时函数:Delay()
*********************************************** /
void Delay(uint m)
{
    for(;m>1;m--);
}
/***********************************************
//IO初始化 void LCD_IO_Init()
*********************************************** /
void LCD_IO_Init()
{

    P3DIR |=BIT0 |BIT1|BIT2;        //P3.0~P3.2 位输出
    P4DIR=0xff;                     //P4 口为输出
    RW_L();                         //RW=0;
}
/***********************************************
//写数据函数:WriteDataLCM()
*********************************************** /
void WriteDataLCM(unsigned char WDLCM)
{

    Delay(100);
    RS_H();                         //RS=1
    Delay(100);
    RW_L();                         //RW=0
    Delay(100);
    EN_H();                         //EN=1
    Delay(100);
    P4OUT=WDLCM;                    //输出数据
    Delay(100);
    EN_L();                         //EN=0
    Delay(100);
}
/***********************************************
//写指令函数:WriteCommandLCM()
*********************************************** /
void WriteCommandLCM(unsigned char WCLCM)
{

    Delay(100);
    RS_L();                         //RS=0
    Delay(100);
    RW_L();                         //RW=0
```

```
    Delay(100);
    EN_H();                        //EN=1
    Delay(100);
    P4OUT=WCLCM;                   //输出指令
    Delay(100);
    EN_L();                        //EN=0
    Delay(100);
}


/************************************************
//LCM初始化函数:LCMInit()
************************************************/
void LCMInit(void)
{
    WriteCommandLCM(0x38);         //显示模式设置三次,不检测忙信号
    Delay(1000);
    WriteCommandLCM(0x38);
    Delay(1000);
    WriteCommandLCM(0x38);
    Delay(1000);
    WriteCommandLCM(0x38);         //显示模式设置,开始要求每次检测忙信号
    WriteCommandLCM(0x08);         //关闭显示
    WriteCommandLCM(0x01);         //显示清屏
    WriteCommandLCM(0x06);         //显示光标移动设置
    WriteCommandLCM(0x0C);         //显示开及光标设置
}
/************************************************
//字符串显示函数:DisplayList()
************************************************/
void DisplayList(unsigned char X,char *DData)
{
    unsigned char length;
    unsigned char i=0;
    char*p;
    p=DData;
    length=strlen(p);              //计算字符串长度
    WriteCommandLCM(0x08);
    WriteCommandLCM(X);
    WriteCommandLCM(0x06);
    WriteCommandLCM(0x0C);
    WriteCommandLCM(X);
    for(i=0;i<length;i++)
    {
        WriteDataLCM(DData[i]);
```

```
        i++;
        WriteDataLCM(DData[i]);
    }
}
/************************************************
//主函数:main()
*********************************************** /
void main(void)
{

    WDTCTL=WDTPW+WDTHOLD;        //关闭看门狗
    P6DIR|=BIT2;P6OUT|=BIT2;     //关闭电平转换

    LCD_IO_Init();               //调用 IO 口初始化函数

    LCMInit();     //LCM 初始化    //液晶初始化

    DisplayList(0x80,Text_1); //显示第一行数据
    DisplayList(0x90,Text_2); //显示第二行数据
    DisplayList(0x88,Text_3); //显示第三行数据
    DisplayList(0x98,Text_4); //显示第四行数据
    while(1);
}
```

程序说明:

对于字符串显示函数 DisplsyList（X，DData），X 为 0x80 在第一行显示；X 为 0x90 在第二行显示；X 为 0x88 在第三行显示；X 为 0x98 在第四行显示；DData 为显示数组。

其他的都有详细的注释，就不详细叙述了。

 技能训练 --

一、训练目标

（1）学会使用 12864 液晶显示器。

（2）通过单片机控制 12864 液晶显示器。

二、训练内容与步骤

1. 建立一个工程

（1）在 E：\MSP430\M430 目录下，新建一个文件夹 G02。

（2）启动 IAR 软件。

（3）单击 "Project" 菜单下的 "Create New Project" 子菜单，弹出创建新工程的对话框。

（4）在 Project templates 工程模板中选择 "C" 语言项目，展开 C，选择 "main"。

（5）单击 "OK" 按钮，弹出保存项目对话框，在另存为对话框，输入工程文件名 "G002"，单击 "保存" 按钮。

2. 编写程序文件

在 main 中输入"12864 液晶汉字显示"程序，单击工具栏的保存按钮 ■ 保存文件。

3. 编译程序

（1）右键单击"G002_Debug"项目，在弹出的菜单中单击 Option 选项，弹出选项设置对话框。

（2）在 Target 目标元件选项页，在 Device 器件配置下拉列表选项中选择"MSP430F149"。

（3）设置完成，单击"OK"按钮确认。

（4）单击"Project"工程下的"Make"编译所有文件，或工具栏的 Make 按钮，编译所有项目文件。

（5）首次编译时，弹出保存工程管理空间对话框，在文件名栏输入"G002"，单击保存按钮，保存工程管理空间。

4. 生成 TXT 文件

（1）项目编译成功后，单击工程管理空间中的工作模式切换栏的下拉箭头，选择"Release"软件发布选项，将软件工作模式切换到发布状态。

（2）右键单击"G002_Debug"项目，在弹出的菜单中选择 Option 选项，弹出选项设置对话框。

（3）选择"Linker"输出链接项目，单击"Output"输出选项页，勾选输出文件下的"Override default"覆盖默认复选框。

（4）单击"OK"按钮，完成生成 TXT 文件设置。

（5）再单击工具栏的 Make 按钮，编译所有项目文件，生成 G002. TXT 文件。

5. 下载调试程序

（1）将 MSP430F149 开发板的 USB 端口与电脑 USB 连接。

（2）启动 MSP430 BSL 下载软件。

（3）单击"Tool"工具菜单下的"Setup"设置子菜单命令，设置下载参数，选择 USB 下载端口，单击"OK"按钮，完成下载参数设置。

（4）单击"File"文件菜单下的"Open"，打开子菜单，弹出打开文件对话框，选择 G02 文件夹内"Release"文件夹，打开文件夹，选择"G002. TXT"文件。

（5）单击"打开"按钮，打开文件。

（6）选择器件类型"MSP430F149"，单击"Auto"自动按钮，程序下载到 MSP430F149 开发板。

（7）调试。

1）液晶 12864 显示屏插入 MSP430F149 开发板。

2）观察液晶 12864 显示屏的字符显示信息。

3）如果看不到信息，可以调节液晶 12864 显示屏组件右下方的背光控制电位器，调节液晶对比度，直到看清字符显示信息。

4）在显示字符串数组定义中，修改 4 组字符串数组数据。

5）重新编译、下载程序，观察液晶 12864 显示屏的字符显示信息。

习题7

1. 编写 MSP430 单片机控制程序，利用液晶 1602 显示屏显示 2 行英文信息，并下载到单片机开发板中，观察显示效果。

2. 编写 MSP430 单片机控制程序，利用液晶 12864 显示屏显示 4 行英文信息，并下载到单片机开发板中，观察显示效果。

项目八　应用串行总线接口

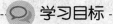 学习目标

（1）学习 I^2C 总线。
（2）了解 SPI 接口。
（3）学会应用 SPI 接口。

任务 14　I^2C 串行总线及应用

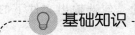 基础知识

一、I^2C 总线

I^2C 总线（也可写作 I^2C 总线）是 PHLIPS 公司于 20 世纪 80 年代推出的一种串行总线，是具备多主机系统所需的包括总线裁决和高低器件同步功能的高性能串行总线。主要优点是其简单性和有效性。由于接口直接在组件之上，因此 I^2C 总线占用的空间非常小，减少了电路板的空间和芯片引脚的数量，降低了互联成本。I^2C 总线的另一个优点是，它支持多主控，其中任何能够进行发送和接收的设备都可以成为主总线。一个主控能够控制信号的传输和时钟频率。当然，在任何时间点上只能有一个主控。

1. I^2C 总线特性

（1）只要求两条总线线路。一条是串行数据线（SDA），另一条是串行时钟线（SCL）。

（2）器件地址唯一。每个连接到总线的器件都可以通过唯一的地址和一直存在的简单的主机/从机关联，并由软件设定地址，主机可以作为主机发送器或主机接收器。

（3）多主机总线。它是一个真正的多主机总线，如果两个或更多主机同时初始化数据传输可以通过冲突检测和仲裁防止数据被破坏。

（4）传输速度快。串行的 8 位双向数据传输位速率在标准模式下可达 100kbit/s，快速模式下可达 400kbit/s，高速模式下可达 3.4Mbit/s。

（5）具有滤波作用。片上的滤波器可以滤去总线数据线上的毛刺波，保证数据完整。

（6）连接到相同总线的 IC 数量只受到总线的最大电容 400pF 限制。

I^2C 总线中的常用术语见表 8-1。

表 8-1　　　　　　　　　　　　　I^2C 总线中的常用术语

术语	功　能　描　述
发送器	发送数据到总线的器件
接收器	从总线接收数据的器件

续表

术语	功　能　描　述
主机	初始化发送、产生时钟信号和终止发送的器件
从机	被主机寻址的器件
多主机	同时有多于一个主机尝试控制总线，但不破坏报文
仲裁	是一个在有多个主机同时尝试控制总线，但只允许其中一个控制总线并使报文不被破坏的过程
同步	两个货多个器件同步时钟信号的过程

2. I^2C 总线硬件结构图

I^2C 总线通过上拉电阻接正电源。当总线空闲时，两根线均为高电平。连到总线上的任一器件输出的低电平，都将使总线的信号变低，即各器件的 SDA 和 SCL 都是线"与"的关系。I^2C 总线连接示意图如图 8-1 所示。

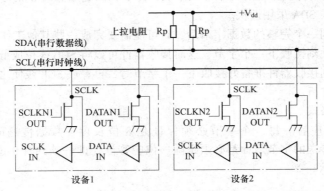

图 8-1　I^2C 总线连接示意图

每个连接到 I^2C 总线上的器件都有唯一的地址。主机与其他器件间的数据传送可以是由主机发送数据到其他器件，这时主机即为发送器。由总线上接收数据的器件则为接收器。在多主机系统中，可能同时有几个主机企图启动总线传输数据。为了避免混乱，I^2C 总线要通过总线仲裁，以决定由哪一台主机控制总线。

3. I^2C 总线的数据传送

（1）数据位的有效性规定。I^2C 总线进行数据传送时，时钟信号为高电平期间，数据线上的数据必须保持稳定，只有在时钟线上的信号为低电平期间，数据线上的高电平或低电平状态才允许变化。I^2C 总线数据位的有效性规定如图 8-2 所示。

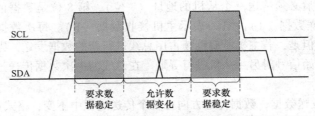

图 8-2　I^2C 总线数据位的有效性规定

（2）起始和终止信号。

SCL 线为高电平期间，SDA 线由高电平向低电平的变化表示起始信号；SCL 线为高电平期间，SDA 线由低电平向高电平的变化表示终止信号，如图 8-3 所示。

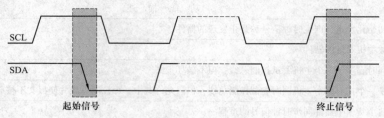

图 8-3   起始和终止信号

起始和终止信号都是由主机发出的，在起始信号产生后，总线就处于被占用的状态；在终止信号产生后，总线就处于空闲状态。

连接到 I^{2}C 总线上的器件，若具有 I^{2}C 总线的硬件接口，则很容易检测到起始和终止信号。对于不具备 I^{2}C 总线硬件接口的有些单片机来说，为了检测起始和终止信号，必须保证在每个时钟周期内对数据线 SDA 采用两次。

接收器件接收到一个完整的数据字节后，有可能需要完成一些其他工作，如处理内部中断服务等，可能无法立刻接收下一个字节，这时接收器件可以将 SCL 线拉成低电平，从而使主机处于等待状态。直到接收器件准备好接收下一个字节时，再释放 SCL 线使之为高电平，从而使数据传送可以继续进行。

（3）数据传送格式。

1）字节传送与应答。每一个字节必须保证是 8 位长度。数据传送时，先传送最高位（MSB），每一个被传送的字节后面都必须跟随一位应答位（即一帧共有 9 位）。数据传送与应答格式如图 8-4 所示。

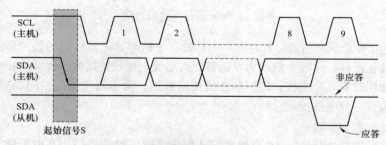

图 8-4   数据传送与应答格式

2）数据帧格式。I^{2}C 总线上传送的数据信号是广义的，既包括地址信号，又包括真正的数据信号。在起始信号后必须传送一个从机的地址（7 位），第 8 位是数据的传送方向（R/T），用"0"表示主机发送数据（T），"1"表示主机接收数据（R）。每次数据传送总是由主机产生的终止信号结束。但是，若主机希望继续占用总线进行新的数据发送，则可以不产生终止信号，马上再次发出起始信号对另一从机进行寻址。在总线的一次数据传送过程中，可以有以下几种组合方式：

a）主机向从机发送数据，数据传送方向在整个传送过程中不变，格式如下。

S	从机地址	0	A	数据	A	数据	A/$\overline{A}$	P

注：有阴影部分表示数据由主机向从机传送，无阴影部分则表示数据由从机向主机传送。

A 表示应答，$\overline{A}$ 表示非应答。S 表示起始信号，P 表示终止信号。

b）主机在第一个字节后，立即由从机读数据，格式如下：

S	从机地址	1	A	数据	A	数据	$\overline{A}$	P

c）在传送过程中，当需要改变传送方向时，起始信号和从地址都被重复产生一次，但两次读/写方向位正好相反，格式如下：

S	从机地址	0	A	数据	$A/\overline{A}$	S	从机地址	1	A	数据	$\overline{A}$	P

（4）I^2C 总线的寻址。I^2C 总线协议明确规定：I^2C 总线有 7 位和 10 位两种寻址字节。7 位寻址字节的位定义见表 8-2。

表 8-2　　　　　　　　　　　　7 位寻址字节的位定义

位	7	6	5	4	3	2	1	0
	从机地址							R/W

D7～D1 位组成从机的地址。D0 位是数据传送方向位，"0" 时表示主机向从机写数据，"1" 时表示主机由从机读数据。

主机发送地址时，总线上的每个从机都将这 7 位地址码与自己的地址进行比较，如果相同，则认为自己正被主机寻址，之后根据 R/W 位来确定自己是发送器还是接收器。

从机的地址由固定部分和可编程部分组成。在一个系统中可能希望接入多个相同的从机，从机地址中可编程部分决定了可接入总线该类器件的最大数目。如一个从机的 7 位寻址位有 4 位固定，3 位可编程，那么这条总线上最大能接 8（2^3）个从机。

二、存储器 AT24C02

1. AT24C02 概述

AT24C02 是一个 2K 位串行 CMOS EEPROM，内部含有 256 个 8 位字节。该器件有一个 16 字节页写缓冲器。器件通过 I^2C 总线接口进行操作，有一个专门的写保护功能。

2. AT24C02 的特性

（1）工作电压：1.8～5.5V。

（2）输入/输出引脚兼容 5V。

（3）输入引脚经施密特触发器滤波抑制噪声。

（4）兼容 400kHz。

（5）支持硬件写保护。

（6）读写次数：1 000 000 次，数据可保存 100 年。

3. AT24C02 的封装及引脚定义

AT24C02 的封装形式有 6 种之多，MGMC-V2.0 实验板上选用的是 SOIC8P 的封装，AT24C02 引脚定义如图 8-5 所示，AT24C02 引脚描述表见表 8-3。

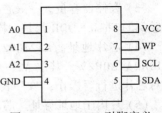

图 8-5　AT24C02 引脚定义

表 8-3   **AT24C02 引脚描述表**

引脚名称	功 能 描 述
A2、A1、A0	器件地址选择
SCL	串行时钟
SDA	串行数据
WP	写保护（高电平有效。0→读写正常；1→只能读，不能写）
VCC	电源正端（+1.6V~6V）
GND	电源地

4. AT24C02 的时序图

AT24C02 的时序图如图 8-6 所示。

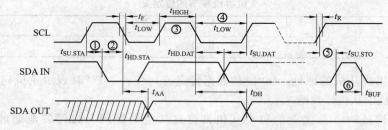

图 8-6   AT24C02 的时序图

时间参数说明如下：

① 在 100kHz 下，至少需要 4.7μs；在 400kHz 下，至少要 0.6μs。

② 在 100kHz 下，至少需要 4.0μs；在 400kHz 下，至少要 0.6μs。

③ 在 100kHz 下，至少需要 4.0μs；在 400kHz 下，至少要 0.6μs。

④ 在 100kHz 下，至少需要 4.7μs；在 400kHz 下，至少要 1.2μs。

⑤ 在 100kHz 下，至少需要 4.7μs；在 400kHz 下，至少要 0.6μs。

⑥ 在 100kHz 下，至少需要 4.7μs；在 400kHz 下，至少要 1.2μs。

5. 存储器与寻址

AT24C02 的存储容量为 2Kb，内部分成 32 页，每页为 8B，那么共 32 * 8B=256B，操作时有两种寻址方式：芯片寻址和片内子地址寻址。

（1）bit：位。二进制数中，一个 0 或 1 就是一个 bit。

（2）Byte：字节。8 个 bit 为一个字节，这与 ASCII 的规定有关，ASCII 用 8 位二进制数来表示 256 个信息码，所以 8 个 bit 定义为一个字节。

（3）存储器容量。一般芯片给出的容量为 bit（位），例如上面的 2Kb。还有以后读者可能接触到的 Flash、DDR 都是一样的。这里的 2Kb，指的是 256×8=2048bit。1K = 1024。

（4）芯片地址。AT24C02 的芯片地址前面固定的为 1010，那么其地址控制字格式就为 1010A2A1A0R/W。其中 A2、A1、A0 为可编程地址选择位。R/W 为芯片读写控制位，"0" 表示对芯片进行写操作；"1" 表示对芯片进行读操作。

（5）片内子地址寻址。芯片寻址可对内部 256B 中的任一个进行读/写操作，其寻址范围为 00~FF，共 256 个寻址单元。

6. 读/写操作时序

（1）写入方式。串行 E²PROM 一般有两种写入方式：①字节写入方式；②页写入方式。页写入方式可提高写入效率，但容易出错。AT24C 系列片内地址在接收到每一个数据字节后自动加 1，故装载一页以内数据字节时，只需输入首地址，如果写到此页的最后一个字节，主器件继续发送数据，数据将重新从该页的首地址写入，进而造成原来的数据丢失，这也就是地址空间的"上卷"现象。解决"上卷"的方法是：在第 8 个数据后将地址强制加 1，或是给下一页重新赋首地址。

1）字节写入方式。单片机在一次数据帧中只访问 E²PROM 的一个单元。该方式下，单片机先发送启动信号，然后送一个字节的控制字，再送一个字节的存储器单元子地址，上述几个字节都得到 E²PROM 响应后，再发送 8 位数据，最后发送 1 位停止信号，表示一切操作 OK。字节写入方式格式如图 8-7 所示。

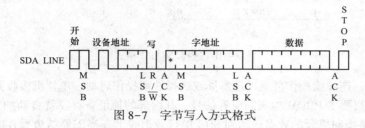

图 8-7　字节写入方式格式

2）页写入方式。单片机在一个数据周期内可以连续访问 1 页 E²PROM 存储单元。在该方式中，单片机先发送启动信号，接着送一个字节的控制字，再送 1 个字节的存储器起始单元地址，上述几个字节都得到 E²PROM 应答后就可以发送 1 页（最多）的数据，并将顺序存放在以指定起始地址开始的相继单元中，最后以停止信号结束。页写入方式格式如图 8-8 所示。

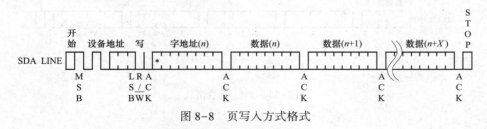

图 8-8　页写入方式格式

（2）读操作方式。读操作和写操作的初始化方式和写操作时一样，仅把 R/W 位置为 1。有 3 种不同的读操作方式：立即/当前地址读、选择/随机读和连续读。

（3）立即/当前地址读。读地址计数器内容为最后操作字节的地址加 1。也就是说，如果上次读/写的操作地址为 N，则立即读的地址从地址 N+1 开始。在该方式下读数据，单片机先发送启动信号，然后送一个字节的控制字，等待应答后，就可以读数据了。读数据过程中，主器件不需要发送一个应答信号，但要产生一个停止信号。立即/当前地址读格式如图 8-9 所示。

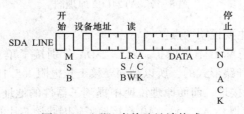

图 8-9　立即/当前地址读格式

（4）选择/随机读。读指定地址单元的数据。单片机在发出启动信号后接着发送控制字，该字节必须含有器件地址和写操作命令，等 E²PROM 应答后再发送 1 个（对于 2Kb 的范围为：00~FFh）字节的指定单元地址，E²PROM 应答后再发送一个含有器件地址的读操作控制字，此时如果 E²PROM 做出应答，被访问单元的数据就会按 SCL 信号同步出现在 SDA 上，主器件不发送应答信号，但要产生一个停止信号。选择/随机读格式如图 8-10 所示。

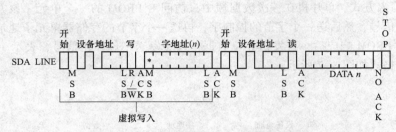

图 8-10　选择/随机读格式

（5）连续读。连续读操作可通过理解读或选择性读操作启动。单片机接收到每个字节数据后应做出应答，只要 E²PROM 检测到应答信号，其内部的地址寄存器就自动加 1（即指向下一单元），并顺序将指向单元的数据送达到 SDA 串行数据线上。当需要结束操作时，单片机接收到数据后在需要应答的时刻发生一个非应答信号，接着再发送一个停止信号即可。连续读格式如图 8-11 所示。

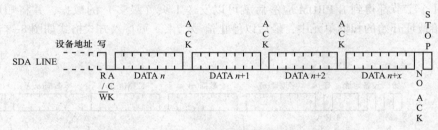

图 8-11　连续读数格式

7. 硬件设计

MSP430F149 实验板上 AT24C02 的硬件原理如图 8-12 所示。

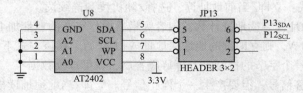

图 8-12　AT24C02 原理图

关于硬件设计，这里主要说明两点：

（1）WP 直接接地，意味着不写保护；SCL、SDA 分别接了单片机的 P1.2、P1.3；由于 AT24C02 内部总线是漏极开路形式的，所以必须要接上拉电阻（5.1kΩ）。

（2）A2、A1、A0 全部接地。前面原理说明中提到了器件的地址组成形式为：1010 A2A1A0 R/W（R/W 由读写决定），既然 A2、A1、A0 都接地了，因此该芯片的地址就是 1010000R/W。

三、AT24C02 应用

1. 控制要求

利用本身 I²C 协议控制存储芯片 AT24C02，通过数码管显示数据，按复位或者重新打开电源开关一次，数码管 LED 显示的数值加 1，由此统计单片机开关机或复位的次数。

2. 控制软件分析

（1）宏定义部分。

```
#include "msp430.h"

#define SCL_H() P1OUT|=BIT2
#define SCL_L() P1OUT&=~BIT2
#define SDA_H() P1OUT|=BIT3
#define SDA_L() P1OUT&=~BIT3

#define SDA_in() P1DIR &=~BIT3    //SDA 改成输入模式
#define SDA_out() P1DIR |=BIT3    //SDA 变成输出模式
#define SDA_val() P1IN&BIT3       //SDA 的位值

#define TRUE    1
#define FALSE   0
```

程序说明：

通过宏定义，使常用的部分操作简单明了，由此便于程序的移植。

（2）延时函数。

```
/**********************************
函数名称:delay()
功    能:延时约 16μs 的时间
**********************************/
void delay(void)
{
    uchar i;

for(i=0;i<16;i++)
    _NOP();
}
```

（3）I²C 操作函数。

1）起始条件操作。

```
/**********************************
函数名称:start()
功    能:完成 I²C 的起始条件操作
**********************************/
void start(void)
```

```
    {
        SCL_H();
        SDA_H();
        delay();
        SDA_L();
        delay();
        SCL_L();
        delay();
    }
```

2）终止条件操作。

```
/*********************************************
函数名称:stop()
功    能:完成 I²C 的终止条件操作
*********************************************/
void stop(void)
    {
        SDA_L();
        delay();
        SCL_H();
        delay();
        SDA_H();
        delay();
    }
```

3）主机应答操作。

```
/*********************************************
函数名称:mack()
功    能:完成 I²C 的主机应答操作
*********************************************/
void mack(void)
    {
        SDA_L();
        _NOP();_NOP();
        SCL_H();
        delay();
        SCL_L();
        _NOP();_NOP();
        SDA_H();
        delay();
    }
```

4）主机无应答操作。

```
/*********************************************
函数名称:mnack()
```

功　　能:完成 I^2C 的主机无应答操作

```
***********************************/
void mnack(void)
{
    SDA_H();
    _NOP();_NOP();
    SCL_H();
    delay();
    SCL_L();
    _NOP();_NOP();
    SDA_L();
    delay();
}
```

5) 检查从机的应答操作。

```
/***********************************
函数名称:check()
功　　能:检查从机的应答操作
返 回 值:从机是否有应答:1-有,0-无
***********************************/
uchar check(void)
{
    uchar slaveack;

    SDA_H();
    _NOP();_NOP();
    SCL_H();
    _NOP();_NOP();
        SDA_in();
        _NOP();_NOP();
    slaveack=SDA_val();    //读入 SDA 数值
    SCL_L();
    delay();
    SDA_out();
    if(slaveack) return FALSE;
    else             returnTRUE;
}
```

6) 向 I^2C 总线发送一个 1。

```
/***********************************
函数名称:write_1()
功　　能:向 I²C 总线发送一个 1
***********************************/
void write_1(void)
{
```

```
        SDA_H();
        delay();
        SCL_H();
        delay();
        SCL_L();
        delay();
    }
```

7) 向 I²C 总线发送一个 0。

```
/**********************************************
函数名称:write_0()
功    能:向 I²C 总线发送一个 0
**********************************************/
void write_0(void)
{
        SDA_L();
        delay();
        SCL_H();
        delay();
        SCL_L();
        delay();
    }
```

8) 向 I²C 总线发送一个字节的数据。

```
/**********************************************
函数名称:write1byte()
功    能:向 I²C 总线发送一个字节的数据
参    数:wdata-发送的数据
返 回 值:无
**********************************************/
void write1byte(uchar wdata)
{
    uchar i;

    for(i=8;i>0;i--)
    {
        if(wdata & 0x80)write_1();
        else                    write_0();
        wdata<<=1;
    }

    SDA_H();
    _NOP();
}
```

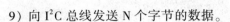

9）向 I^{2}C 总线发送 N 个字节的数据。

```
/*********************************************
函数名称:writeNbyte()
功    能:向 I²C 总线发送 N 个字节的数据
参    数:outbuffer--指向发送数据存放首地址
          的指针
          n-数据的个数
返 回 值:发送是否成功的标志:1-成功,0-失败
*********************************************/
uchar writeNbyte(uchar * outbuffer,uchar n)
{
    uchar i;

    for(i=0;i<n;i++)
    {
        write1byte(*outbuffer);
        if(check())
        {
            outbuffer++;
        }
        else
        {
            stop();
            return FALSE;
        }
    }

    stop();
    return TRUE;
}
```

10）从 I^{2}C 总线读取一个字节。

```
/*********************************************
函数名称:read1byte()
功    能:从 I²C 总线读取一个字节
返 回 值:读取的数据
*********************************************/
uchar read1byte(void)
{
    uchar  rdata=0x00,i;
     uchar flag;

    for(i =0;i<8;i++)
    {
```

```
            SDA_H();
            delay();
            SCL_H();
             SDA_in();
            delay();
            flag=SDA_val();
            rdata<<=1;
            if(flag)rdata|=0x01;
             SDA_out();
            SCL_L();
            delay();
        }

        return rdata;
    }
```

11）从 I²C 总线读取 N 个字节的数据。

```
/**********************************************
函数名称:readNbyte()
功    能:从 I²C 总线读取 N 个字节的数据
参    数:inbuffer-读取后数据存放的首地址
         n-数据的个数
**********************************************/
void readNbyte(uchar * inbuffer,uchar n)
{
    uchar i;

    for(i=0;i<n;i++)
    {
        inbuffer[i]=read1byte();
        if(i<(n-1))mack();
        else            mnack();
    }

    stop();
}
```

（4）E²PROM 操作函数（程序中 E²PROM 写作 EEPROM）。

1）延时 10ms 函数。

```
/**********************************************
函数名称:delay_10ms
功    能:延时约 10ms,等待 EEPROM 完成内部写入
**********************************************/
void delay_10ms(void)
{
```

```
    uint i=1000;
    while(i--);
}
```

2）写入 1 个字节的数据。

```
/*********************************************
函数名称:Write_1Byte
功    能:向 EEPROM 中写入 1 个字节的数据
参    数:Wdata-写入的数据
         dataaddress-数据的写入地址
返 回 值:写入结果:1-成功,0-失败
*********************************************/
uchar Write_1Byte(uchar wdata,uchar dataaddress)
{
    start();
    write1byte(deviceaddress);
    if(check())
            write1byte(dataaddress);
    else
            return 0;
    if(check())
            write1byte(wdata);
    else
            return 0;
    if(check())        stop();
    else               return 0;

     delay_10ms();                                    //等待 EEPROM 完成内部写入
    return 1;
}
```

3）向 EEPROM 中写入 N 个字节的数据。

```
/*********************************************
函数名称:Write_NByte
功    能:向 EEPROM 中写入 N 个字节的数据。
参    数:outbuf-指向写入数据存放首地址的指针
         n-数据个数,最大不能超过 8,由页地址
           决定其最大长度
         dataaddress-数据写入的首地址
返 回 值:写入结果:1-成功,0-失败
*********************************************/
uchar Write_NByte(uchar * outbuf,uchar n,uchar dataaddress)
{
    uchar  flag;
```

```
start();
write1byte(deviceaddress);                    //写入器件地址
if(check()==1)
        write1byte(dataaddress);              //写入数据字地址
else
        return 0;
if(check())
        flag=writeNbyte(outbuf,n);
else
        return 0;
delay_10ms();                                 //等待 EEPROM 完成内部写入
if(flag)   return 1;
else        return 0;

}
```

4）从 EEPROM 的当前地址读取 1 个字节的数据。

```
/********************************************
函数名称:Read_1Byte_currentaddress
功     能:从 EEPROM 的当前地址读取 1 个字节的数据
参     数:无
返 回 值:读取的数据
********************************************/
uchar Read_1Byte_currentaddress(void)
{
    uchar temp;

    start();
    write1byte((deviceaddress|0x01));
    if(check())
        temp=read1byte();
    else
        return 0;
    mnack();
    stop();
    return temp;
}
```

5）从 EEPROM 的当前地址读取 N 个字节的数据。

```
/********************************************
函数名称:Read_NByte_currentaddress
功     能:从 EEPROM 的当前地址读取 N 个字节的数据
参     数:readbuf-指向保存数据地址的指针
        n-读取数据的个数
返 回 值:读取结果:1-成功,0-失败
```

```
*********************************************/
uchar Read_NByte_currentaddress(uchar * readbuf,uchar n)
{
     start();
    write1byte((deviceaddress|0x01));
    if(check())
         readNbyte(readbuf,n);
    else
         return 0;

    return  1;
}
```

6）从 EEPROM 的指定地址读取 1 个字节的数。

```
/*********************************************
函数名称:Read_1Byte_Randomaddress
功    能:从 EEPROM 的指定地址读取 1 个字节的数据
参    数:dataaddress-数据读取的地址
返 回 值:读取的数据
*********************************************/
uchar Read_1Byte_Randomaddress(uchar dataaddress)
{
    uchar temp;

    start();
    write1byte(deviceaddress);
    if(check())
         write1byte(dataaddress);
    else
         return 0;
    if(check())
    {
         start();
         write1byte((deviceaddress|0x01));
    }
    else
         return 0;
    if(check())
         temp=read1byte();
    else
         return 0;

    mnack();
    stop();
```

```
        return temp;
}
```

7）从 EEPROM 的指定地址读取 N 个字节的数据。

```
/**********************************************
函数名称:Read_NByte_Randomaddress
功    能:从 EEPROM 的指定地址读取 N 个字节的数据
参    数:readbuf-指向保存数据地址的指针
         n-读取数据的个数
         dataaddress-数据读取的首地址
返 回 值:读取结果:1-成功,0-失败
**********************************************/
uchar Read_NByte_Randomaddress(uchar * readbuf,uchar n,uchar dataaddress)
{
    start();
    write1byte(deviceaddress);
    if(check())
            write1byte(dataaddress);
    else
            return 0;
    if(check())
    {
            start();
            write1byte(deviceaddress |0x01);
    }
    else
            return 0;
    if(check())
            readNbyte(readbuf,n);
    else
            return 0;

    return 1;
}
```

（5）I²C 读写控制程序。

```
/**************************************************************/
//主函数 main()
/**************************************************************/
#include"msp430.h"
#include"lcd1602.c"
#include"EEPROM.c"
#include"I²C.c"

uchar step=0xff;
```

```
uchar Write_Buffer[]={"I2C WR 24C02 "};
#define countof(a)(sizeof(a)/sizeof(*(a)))
#define BufferSize        (countof(Write_Buffer)-1)
uchar Read_Buffer[BufferSize];
uchar*str1="Rd from EEPROM ";


void main(void)
{

    /*下面六行程序关闭所有的 IO 口*/
    P1DIR=0XFF;P1OUT=0XFF;
    P2DIR=0XFF;P2OUT=0XFF;
    P3DIR=0XFF;P3OUT=0XFF;
    P4DIR=0XFF;P4OUT=0XFF;
    P5DIR=0XFF;P5OUT=0XFF;
    P6DIR=0XFF;P6OUT=0XFF;

    WDTCTL=WDTPW+WDTHOLD;                    //关狗

    P6DIR|=BIT2;P6OUT|=BIT2;                 //关闭电平转换,启用 LCD 背光
    LcdReset();
     DisPlayStr(0,0,str1);                   //第 1 行显示字符串 1

    Write_NByte(Write_Buffer,BufferSize,0x00);
      Read_NByte_Randomaddress(Read_Buffer,BufferSize,0x00);

      DisPlayNChar(1,1, 14,Read_Buffer);     //第 2 行显示字符串 2

      while(1);

}
```

程序说明：

在主函数中，首先关闭所有的 IO 口、关闭看门狗、关闭电平转换，启用 LCD 背光，接着进行 LCD1602 初始化，写入第 1 行字符串，然后在指定芯片地址，写入 Write_ Buffer 字符串数据，读取指定芯片地址空间的数据，通过 LCD1602 液晶，第 2 行显示读出的数据。

 技能训练

一、训练目标

（1）学会使用 I^2C 通信协议。

（2）通过编程，控制 AT24C02 写入、读出数据，在串口输出数据。

二、训练内容与步骤

1. 建立一个工程

（1）在 E：\MSP430\M430 目录下，新建一个文件夹 H01A。

（2）将光盘的 M430 目录下 H01 文件夹内的"EEPROM. h""EEPROM. c""I²C. h""I²C. c""lcd1602. h""lcd1602. c"6 个文件复制到文件夹 H01A 内。

（3）启动 IAR 软件。

（4）单击"Project"菜单下的"Create New Project"子菜单，弹出创建新工程的对话框。

（5）在 Project templates 工程模板中选择"C"语言项目，展开 C，选择"main"。

（6）单击"OK"按钮，弹出保存项目对话框，在另存为对话框，输入工程文件名"H001A"，单击"保存"按钮。

2. 编写程序文件

在 main 中输入 H01 文件夹内"main. c"的程序，单击工具栏的保存按钮🖫，保存文件。

3. 编译程序

（1）右键单击"H001A_Debug"项目，在弹出的菜单中选择 Option 选项，弹出选项设置对话框。

（2）在 Target 目标元件选项页的 Device 器件配置下拉列表选项中选择"MSP430F149"。

（3）设置完成，单击"OK"按钮确认。

（4）单击"Project"工程下的"Make"编译所有文件，或工具栏的 Make 按钮🖳，编译所有项目文件。

（5）首次编译时，弹出保存工程管理空间对话框，在文件名栏输入"H001A"，单击保存按钮，保存工程管理空间。

4. 生成 TXT 文件

（1）项目编译成功后，鼠标单击工程管理空间中的工作模式切换栏的下拉箭头，选择"Release"软件发布选项，将软件工作模式切换到发布状态。

（2）右键单击"H001A_Debug"项目，在弹出的菜单中单击 Option 选项，弹出选项设置对话框。

（3）选择"Linker"输出链接项目，单击"Output"输出选项页，勾选输出文件下的"Override default"覆盖默认复选框。

（4）单击"OK"按钮，完成生成 TXT 文件设置。

（5）再单击工具栏的 Make 按钮🖳，编译所有项目文件，生成 H001A. TXT 文件。

5. 下载调试程序

（1）将 MSP430F149 开发板的 USB 端口与电脑 USB 连接。

（2）启动 MSP430 BSL 下载软件。

（3）单击"Tool"工具菜单下的"Setup"设置子菜单，设置下载参数，选择 USB 下载端口，单击"OK"按钮，完成下载参数设置。

（4）单击"File"文件菜单下的"Open"子菜单，弹出打开文件对话框，选择"H01A"文件夹内"Release"文件夹，打开文件夹，选择"H001A. TXT"文件。

（5）单击"打开"按钮，打开文件。

（6）选择器件类型"MSP430F149"，单击"Auto"自动按钮，程序下载到 MSP430F149 开发板。

（7）调试。

1）LCD1602 液晶插入 MSP430F149 开发板。

2）按下 MSP430F149 开发板的复位按钮，观察 LCD1602 液晶显示的信息。

3）修改程序中的数组 Write_Buffer 信息，重新编译、下载程序，观察 LCD1602 液晶显示的信息。

任务 15　基于 DS1302 的时钟控制

 基础知识

一、SPI 总线

SPI 是串行外设接口（Serial Peripheral Interface）的缩写。SPI 总线是一种高速的、全双工、同步的通信总线，SPI 通信总线允许单片机等微控制器与各种外部设备以同步串行方式进行通信，交换信息，广泛应用于存储器、LCD 驱动、A/D 转换、D/A 转换等器件。SPI 通信总线在芯片的引脚上只占用四根线，节约了芯片的引脚，同时为 PCB 的布局上节省空间，提供方便，正是出于这种简单易用的特性，越来越多的芯片集成了这种通信协议。与 I²C 通信相比，SPI 通信拥有更快的通信速率和更简单的编程应用。

1. SPI 总线的使用

SPI 的通信的信号线分别为 SCLK、MISO、MOSI、CS，其中 SCLK 为串行通信同步时钟线，MISO 为主机输入从机输出数据线，MOSI 为主机输出从机输入数据线，CS 为从机选择线。有些地方使用 SDI、SDO、SCLK、CS 分别表示数据输入、数据输出、同步时钟、片选线。SPI 工作时，数据通过移位寄存器串行输出到 MOSI，同时外部输入信号通过 MISO 输入端接收后逐位移入移位寄存器。

典型的点对点 SPI 接口通信如图 8-13 所示。

SPI 点对点通信时，主从机 SCLK 线连在一起，主机的 MOSI 端口连接从机的 MOSI 端，主机的 MISO 端口连接从机的 MISO 端，主机通过片选信号与从机片选端连接。

SPI 多机通信如图 8-14 所示。

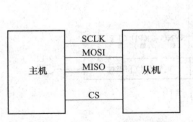

图 8-13　点对点 SPI 接口通信

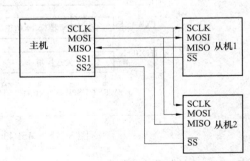

图 8-14　SPI 多机通信

SPI 多机通信时，主从机 SCLK 线连在一起，主机的 MOSI 端口连接从机的 MOSI 端，主机的 MISO 端口连接从机 MISO 的端，主机通过不同片选信号与各个从机连接。

2. SPI 总线的特点

SPI 总线的特点是全双工通信、通信速度快，可达 Mbit/s。不足之处是无多主机协议，不便于组网。

3. SPI 的时序

SPI 接口在内部实际上为两个移位寄存器。传输数据为长度根据器件不同分为 8 位、10 位、16 位等。发送数据时，主机产生 SCLK 脉冲，从机在 SCLK 脉冲的上升沿或下降沿采样 MOSI 端数据信号，并移位到接收数据寄存器。主机接收数据时，数据由 MISO 移位输入，主机在 SCLK 脉冲的上升沿或下降沿采样并接收到寄存器中。

二、MSP430 的 SPI 接口

1. MSP430 的 SPI 结构

MSP430 的 SPI 结构如图 8-15 所示。当 Msp430 USART 模块控制器 UxCTL 的位 SYNC 置位时，USART 模块工作于同步模式，对于 149 即工作于 SPI 模式，若是 169，USART0 可以支持 I²C，可以通过另一控制位 I²C 控制，I²C 位 0 则工作于 SPI。在 SPI 模式下，允许单片机以确定的速率发送和接收 7 位或 8 位数据。

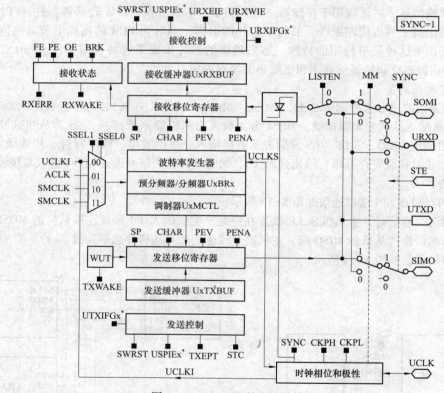

图 8-15　MSP430 的 SPI 结构

MSP430 SPI 的特点如下。

（1）SPI 模式支持 3 线和 4 线模式；

（2）支持主机与从机模式；

（3）接受和发送有各自独立的发送移位寄存器和缓冲器；

（4）接受和发送都有独立的中断能力；

（5）移位时钟的极性和相位可编程；

（6）字符长度可以是 7 位或者 8 位。

2. SPI 的工作模式

（1）主机模式。SPI 工作在全双工下，即主机发送的同时也接收数据，传输的速率由编程决定。4 线 SPI 模式用附加数据线，允许从机数据的发送和接收。

当 UxCTL 控制寄存器当中的 MM=1 时，USART 工作在 SPI 主机模式下。

在发送端，SPI 通过 UCLK 控制串行通信，当数据写入发送缓冲器 UxTXBUF，并行加载到发送移位寄存器 TSR 当中，立即开始发送数据，在第一个 UCLK 周期，SIMO 移出数据，经过 8 个时钟周期把 8 位的数据发送到从机当中，其中最高有效位先发送，达到通信目的。

在接收端，SIMO 的数据以先高后低的顺序接收，接收到数据右对齐，当 8 位数据接收完之后，有移位寄存器并行移入接收缓冲器 UxRXBUF 当中，并将接收中断标志位置位，表明接收缓冲器当中有数据存入，可以通过中断将数据读走出。

（2）从机模式。当 UxCTL 控制寄存器当中的 MM=0 时，USART 工作在 SPI 从机模式。

3. SPI 主机模式下的中断标志位的理解

用户可以通过 SPI 的发送和接受中断标志位来完成协议的控制。

在发送端，当移位寄存器把数据发送给从机之后，发送中断标志位 UxTXIFG 置位，说明此时发送缓冲器为空，可以进中断将数据写到发送缓冲寄存器当中。

```
while((IFG&UxTXIFG)==0);//等待发送缓冲器为空。
```

在接收端，当移位寄存器把接收到的 8 位数据并行写入接收缓冲器时，接收中断标志位 UxRXIFG 置位，此时说明接收缓冲器当中已经有数据，等待 CPU 来读取数据。

4. SPI 的初始化及其复位

在初始化或者重新配置 USART 的 SPI 时（和 UART 共用一套寄存器），必须按照以下顺序进行。

（1）UxCTL 寄存器的第 0 位 SWRST 置位。

（2）在 SWRST 置位的条件下，初始化所有的 SPI 寄存器，包括 UxCTL 寄存器。

（3）通过置位模块使能寄存器 MEx 的 URXEx 和 UTXEx 位使能 SPI 的接受和发送使能模块。

（4）通过软件复位 UxCTL 寄存器的第 0 位 SWRST。

（5）通过中断使能寄存器 IEx 的 URXIEx 和 UTXIEx 来使能发送和接受中断。

5. TI 公司提供的例程

```
#include   <msp430x14x.h
void main(void)
{
WDTCTL=WDTPW+WDTHOLD;                    //关闭看门狗
//端口初始化
P1OUT=0x00;                              //P1.0 设置为 LED 输出
P1DIR|=0x03;
  P3SEL|=0x0E;                           //P3.1、P3.2、P3.3 设置为 SPI 功能
//SPI 寄存器配置
U0CTL=CHAR+SYNC+SWRST;                    //8 位, SPI
U0TCTL=CKPL+STC;                          //极性设置,3 线模式
```

```
//波特率设置
U0BR0=0x02;                                    //SPICLK=SMCLK/2
    U0BR1=0x00;
    U0MCTL=0x00;
//中断及使能
  ME1 |=USPIE0;                                //SPI 模块使能
U0CTL& =~SWRST;                                //复位 SWRST 状态机
IE1 |=URXIE0+UTXIE0;                           //RX and TX interrupt enable
    _BIS_SR(LPM4_bits+GIE);                    //进入 LPM4 低功耗模式,开总中断
}


        #pragma vector=USART0RX_VECTOR
        __interrupt void SPI0_rx(void)         //SPI 接收中断处理
        {
        P1OUT
        RXBUF0;
        向 P1OUT 送数据
        }


        #pragma vector=USART0TX_VECTOR
        __interrupt void SPI0_tx(void)         //SPI 发送中断处理
        {
        unsigned int i;
        i=P1IN;
        i=i>>4;
        TXBUF0=i;                              //传送字符
        }
```

三、DS1302 时钟芯片及其应用

1. DS1302 简介

DS1302 是美国 DALLAS 公司推出的一种高性能、低功耗、带 RAM 的实时时钟电路,它可以对年、月、日、周、时、分、秒等进行计时,具有闰年补偿功能,工作电压为 2.5~5.5V。采用三线接口与 CPU 进行同步通信,并可采用突发方式一次传送多个字节的时钟信号或 RAM 数据。DS1302 内部有一个 31×8 的用于临时性存放数据的 RAM 寄存器。DS1302 是 DS1202 的升级产品,与 DS1202 兼容,但增加了主电源/后备电源双电源引脚,同时提供了对后备电源进行涓细电流充电的能力。

DS1302 主要特点是采用串行数据传输,可为掉电保护电源提供可编程的充电功能,并且可以关闭充电功能,采用普通 32.768kHz 晶振。

2. DS1302 电路

DS1302 的引脚排列如图 8-16 所示,其中 Vcc2 为主电源,Vcc1 为后备电源。在主电源关闭的情况下,也能保持时钟的连续运行。DS1302 由 Vcc1 或 Vcc2 两者中的较大者供电。

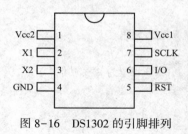

图 8-16　DS1302 的引脚排列

当 Vcc2 大于 Vcc1+0.2V 时，Vcc2 给 DS1302 供电。当 Vcc2 小于 Vcc1 时，DS1302 由 Vcc1 供电。X1 和 X2 是振荡源，外接 32.768kHz 晶振。RST 是复位/片选线，通过把 RST 输入驱动置高电平来启动所有的数据传送。RST 输入有两种功能：首先，RST 接通控制逻辑，允许地址/命令序列送入移位寄存器；其次，RST 提供终止单字节或多字节数据传送的方法。当 RST 为高电平时，所有的数据传送被初始化，允许对 DS1302 进行操作。如果在传送过程中 RST 置为低电平，则会终止此次数据传送，I/O 引脚变为高阻态。上电运行时，在 Vcc>2.0V 之前，RST 必须保持低电平。只有在 SCLK 为低电平时，才能将 RST 置为高电平。I/O 为串行数据输入输出端（双向），SCLK 为时钟输入端。

3. 控制字节

DS1302 控制字节的最高有效位（B7）必须是逻辑 1，如果它为 0，则不能把数据写入 DS1302 中，B6 位如果为 0，则表示存取日历时钟数据，为 1 表示存取 RAM 数据；B5 位至 B1 位指示操作单元的地址；最低有效位（B0 位）如为 0 表示要进行写操作，为 1 表示进行读操作，控制字节总是从最低位开始输出。

4. 读单字节时序

读单字节时序如图 8-17 所示。

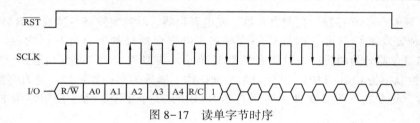

图 8-17　读单字节时序

RST 信号控制数据、时间信号输入的开始和结束信号。读单字节时序，首先是写地址字节，然后再读数据字节，写地址字节时上升沿有效，而读数据字节时下降沿有效。写地址字节和读数据字节同是 LSB 开始。

5. 写单字节时序

写单字节时序如图 8-18 所示。

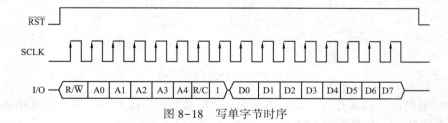

图 8-18　写单字节时序

RST 信号控制数据、时间信号输入的开始和结束信号。RST 信号必须拉高，否则数据的输入是无效的。第一个字节是地址字节，第二个字节是数据字节。地址字节和数据字节的读取是上升沿有效，而且是由 LSB 开始读入。

6. 数据流

在控制指令字输入后的下一个 SCLK 时钟的上升沿时，数据被写入 DS1302，数据输入从低位即位 0 开始。同样，在紧跟 8 位的控制指令字后的下一个 SCLK 脉冲的下降沿读出 DS1302 的数据，读出数据时从低位 0 位到高位 7。

7. 寄存器

DS1302 有 12 个寄存器，其中有 7 个寄存器与日历、时钟相关，存放的数据位为 BCD 码形式，其日历、时间寄存器及其控制字见表 8-4。

表 8-4   寄 存 器 及 其 控 制 字

读寄存器	写寄存器	B7	B6	B5	B4	B3	B2	B1	B0	范围
81H	80H	CH		10s			秒			0~59
83H	82H			10min			分			0~59
85H	84H	12/24	0	10 / AM/PM	时		时			1~12/0~23
87H	86H	0	0	10 日			日			1~31
89H	88H	0	0	0	10 月		月			1~12
8BH	8AH	0	0	0	0	0	周日			1~7
8DH	8CH			10 年			年			00~99
8FH	8EH	WP	0	0	0	0	0	0	0	—

DS1302 还有年份寄存器、控制寄存器、充电寄存器、时钟突发寄存器及与 RAM 相关的寄存器等。时钟突发寄存器可一次性顺序读写除充电寄存器外的所有寄存器内容。DS1302 与 RAM 相关的寄存器分为两类：一类是单个 RAM 单元，共 31 个，每个单元组态为一个 8 位的字节，其命令控制字为 C0H~FDH，其中奇数为读操作，偶数为写操作；另一类为突发方式下的 RAM 寄存器，此方式下可一次性读写所有的 RAM 的 31 个字节，命令控制字为 FEH（写）、FFH（读）。

8. DS1302 应用电路

DS1302 应用电路如图 8-19 所示。

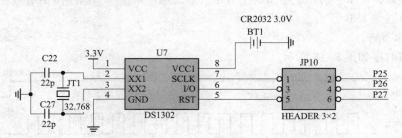

图 8-19   DS1302 应用电路

DS1302 的时钟端 CLK 连接 P2.5，数据输入输出端 I/O 连接 P2.6，复位端 RST 连接 10kΩ 电阻后再连接 P2.7，振荡源端 XX1、XX2 连接 32.768kHz 晶体振荡器。

9. DS1302 时钟控制程序

DS1302 时钟控制由按键控制、DS1302 控制、LCD1602 控制、主程序等 4 部分 C 语言程序组成。下面给出 DS1302 控制部分 C 语言程序。

（1）DS1302 控制部分 C 语言程序。

```
#include"msp430.h"
```

/***************宏定义***************/

```
#define DS_RST  BIT7              //DS_RST=P2.7
#define DS_SCL  BIT5              //DS_SCL=P2.5
#define DS_SDA  BIT6              //DS_SDA=P2.6
#define DS_RST_IN  P2DIR &=~DS_RST
#define DS_RST_OUT  P2DIR|=DS_RST
#define DS_RST0  P2OUT &=~DS_RST
#define DS_RST1  P2OUT|=DS_RST
#define DS_SCL_IN P2DIR &=~DS_SCL
#define DS_SCL_OUT P2DIR|=DS_SCL
#define DS_SCL0 P2OUT &=~DS_SCL
#define DS_SCL1 P2OUT|=DS_SCL
#define DS_SDA_IN P2DIR &=~DS_SDA
#define DS_SDA_OUT P2DIR|=DS_SDA
#define DS_SDA0 P2OUT &=~DS_SDA
#define DS_SDA1 P2OUT|=DS_SDA
#define DS_SDA_BIT P2IN & DS_SDA


/**********************************************
函数名称:delay
功    能:延时一段时间
参    数:time-延时长度
返 回 值:无
**********************************************/
void delay(uint time)
{
    uint i;
    for(i=0;i<time;i++)    _NOP();
}
/**********************************************
函数名称:Reset_DS1302
功    能:对 DS1302 进行复位操作
参    数:无
返 回 值:无
**********************************************/
void Reset_DS1302(void)
{
    DS_RST_OUT;               //RST 对应的 IO 设置为输出状态
    DS_SCL_OUT;               //SCLK 对应的 IO 设置为输出状态
    DS_SCL0;                  //SCLK=0
    DS_RST0;                  //RST=0
    delay(10);
    DS_SCL1;                  //SCLK=1
}
/**********************************************
```

函数名称:Write1Byte

功　　能:对 DS1302 写入 1 个字节的数据

参　　数:wdata-写入的数据

返 回 值:无

```c
*******************************************/
void Write1Byte(uchar wdata)
{
    uchar i;

    DS_SDA_OUT;                //SDA 对应的 IO 设置为输出状态
    DS_RST1;                   //REST=1;

    for(i=8;i>0;i--)
    {
        if(wdata&0x01)  DS_SDA1;
        else            DS_SDA0;
          DS_SCL0;
        delay(10);
        DS_SCL1;
        delay(10);
        wdata >>=1;
    }
}
/*********************************************
```

函数名称:Read1Byte

功　　能:从 DS1302 读出 1 个字节的数据

参　　数:无

返 回 值:读出的一个字节数据

```c
*******************************************/
uchar Read1Byte(void)
{
    uchar i;
    uchar rdata=0X00;

    DS_SDA_IN;                 //SDA 对应的 IO 设置为输入状态
    DS_RST1;                   //REST=1;

    for(i=8;i>0;i--)
    {
        DS_SCL1;
        delay(10);
        DS_SCL0;
        delay(10);
        rdata >>=1;
```

```
        if(DS_SDA_BIT)  rdata|=0x80;
    }

    return(rdata);
}
/*********************************************
函数名称:W_Data
功     能:向某个寄存器写入一个字节数据
参     数:addr-寄存器地址
        wdata-写入的数据
返  回  值:无
*********************************************/
void W_Data(uchar addr, uchar wdata)
{
    DS_RST0;
    DS_SCL0;
    _NOP();
    DS_RST1;
    Write1Byte(addr);       //写入地址
    Write1Byte(wdata);      //写入数据
    DS_SCL1;
    DS_RST0;
}
/*********************************************
函数名称:R_Data
功     能:从某个寄存器读出一个字节数据
参     数:addr-寄存器地址
返  回  值:读出的数据
*********************************************/
uchar R_Data(uchar addr)
{
    uchar rdata;

    DS_RST0;
    DS_SCL0;
    _NOP();
    DS_RST1;
    Write1Byte(addr);                   //写入地址
    rdata=Read1Byte();                  //读出数据
    DS_SCL1;
    DS_RST0;

    return(rdata);
}
```

```
/**********************************************
函数名称:BurstWrite1302
功    能:以 burst 方式向 DS1302 写入批量时间数据
参    数:ptr-指向时间数据存放地址的指针
返 回 值:读出的数据
说    明:时间数据的存放格式是:
          秒,分,时,日,月,星期,年,控制
          【7 个数据(BCD 格式)+1 个控制】
**********************************************/
void BurstWrite1302(uchar * ptr)
{
    uchar i;

    W_Data(0x8e,0x00);                 //允许写入
    DS_RST0;
    DS_SCL0;
    _NOP();
    DS_RST1;
    Write1Byte(0xbe);                  //0xbe:时钟多字节写入命令
    for(i=8;i>0;i--)
    {
        Write1Byte(* ptr++);
    }
    DS_SCL1;
    DS_RST0;
    W_Data(0x8e,0x80);                 //禁止写入
}
/**********************************************
函数名称:BurstRead1302
功    能:以 burst 方式从 DS1302 读出批量时间数据
参    数:ptr-指向存放时间数据地址的指针
返 回 值:无
说    明:时间数据的存放格式是:
          秒,分,时,日,月,星期,年,控制
          【7 个数据(BCD 格式)+1 个控制】
**********************************************/
void BurstRead1302(uchar * ptr)
{
    uchar i;

    DS_RST0;
    DS_SCL0;
    _NOP();
    DS_RST1;
```

```
    Write1Byte(0xbf);                      //0xbf:时钟多字节读命令
    for(i=8;i>0;i--)
    {
        *ptr++=Read1Byte();
    }
    DS_SCL1;
    DS_RST0;
}
/***********************************************
函数名称:BurstWriteRAM
功    能:以 burst 方式向 DS1302 的 RAM 中写入批量数据
参    数:ptr-指向存放数据地址的指针
返 回 值:无
说    明:共写入 31 个字节的数据
***********************************************/
void BurstWriteRAM(uchar * ptr)
{
    uchar i;

    W_Data(0x8e,0x00);                     //允许写入
    DS_RST0;
    DS_SCL0;
    _NOP();
    DS_RST1;
    Write1Byte(0xfe);                      //0xfe:RAM 多字节写命令
    for(i=31;i>0;i--)                      //RAM 共有 31 个字节
    {
        Write1Byte(*ptr++);
    }
    DS_SCL1;
    DS_RST0;
    W_Data(0x8e,0x80);                     //禁止写入
}
/***********************************************
函数名称:BurstReadRAM
功    能:以 burst 方式从 DS1302 的 RAM 中读出批量数据
参    数:ptr-指向数据存放地址的指针
返 回 值:无
说    明:共读出 31 个字节的数据
***********************************************/
void BurstReadRAM(uchar * ptr)
{
    uchar i;
```

```
        DS_RST0;
        DS_SCL0;
        _NOP();
        DS_RST1;
        Write1Byte(0xff);                    //0xff:RAM 的多字节读命令
        for(i=31;i>0;i--)
        {
            *ptr++=Read1Byte();
        }
        DS_SCL1;
        DS_RST0;
}
/*********************************************
函数名称:Set_DS1302
功    能:设置 DS1302 内部的时间
参    数:ptr-指向存放数据地址的指针
返 回 值:无
说    明:写入数据的格式:
          秒 分 时 日 月 星期 年【共 7 个字节】
*********************************************/
void Set_DS1302(uchar * ptr)
{
    uchar i;
    uchar addr=0x80;

    W_Data(0x8e,0x00);                   //允许写入

    for(i=7;i>0;i--)
    {
        W_Data(addr,* ptr++);
        addr +=2;
    }
    W_Data(0x8e,0x80);                   //禁止
}
/******************************************************************
*
*名称: Get_DS1302
*说明:
*功能: 读取 DS1302 当前时间
*调用: R_Data(uchar addr)
*输入: ucCurtime:保存当前时间地址。当前时间格式为: 秒 分 时 日 月 星期 年
*7Byte(BCD 码) 1B 1B 1B 1B 1B 1B 1B
*返回值: 无
******************************************************************/
```

```
/*********************************************
函数名称:Get_DS1302
功     能:读取 DS1302 内部的时间
参     数:ptr-指向数据存放地址的指针
返  回  值:无
说     明:读出数据的格式:
          秒 分 时 日 月 星期 年【共 7 个字节】
*********************************************/
void Get_DS1302(uchar * ptr)
{
    uchar i;
    uchar addr=0x81;

    for(i=0;i<7;i++)
    {
        ptr[i]=R_Data(addr);
        addr+=2;
    }
}
```

程序说明:

程序包括 DS1302 处理的宏定义,便于程序移植,DS1302 操作所需的各种函数,延时函数、复位函数 Reset_DS1302、读一个字节函数 R_Data、写一个字节函数 W_Data、设置内部时间函数 Set_DS1302、读取 DS1302 内部时间函数 Get_DS1302 等,程序中有详细的注释,读者仔细阅读就可以读懂。

(2) DS1302 控制主程序。

```
#include"msp430.h"
#include"lcd1602.h"
#include"lcd1602.C"
#include"DS1302.h"
#include"DS1302.C"
#include"Key.c"

//顺序:秒,分,时,日,月,星期,年;格式:BCD
uchar times[7];
//液晶显示数字编码
uchar shuzi[]={"0123456789"};
//游标位置变量
uchar PP=0;
//是否处于修改状态标志,1-是,0-否
uchar cflag=0;

uchar Key4Scan(void);
void ShowTime(void);
```

```
/****************主函数****************/
void main(void)
{

    WDTCTL=WDTPW+WDTHOLD;                        //关闭看门狗
    P6DIR |=BIT2;P6OUT |=BIT2;                    //关闭电平转换

    P1DIR=0x80;                                   //P1.7 设置为输出,其余为输入
    P1OUT=0x00;

    Reset_DS1302();                               //初始化 DS1302
    LcdReset();                                   //初始化液晶
    while(1)
    {
        if(!cflag)
        {
            Get_DS1302(times);                    //获取时间数据
            ShowTime();                           //转换显示
        }


        switch(Key4Scan())
        {
            case 0x01:
            switch(PP++)                           //确定游标地址
            {
            case 0: LocateXY(4,0);break;
            case 1: LocateXY(7,0);break;
            case 2: LocateXY(10,0);break;
            case 3: LocateXY(13,0);break;
            case 4: LocateXY(4,1);break;
            case 5: LocateXY(7,1);break;
            case 6: LocateXY(10,1);break;
             default:break;
            }
            LcdWriteCommand(0x0f, 1);              //打开游标
            if(PP==7) PP=0;
             cflag=1;                              //标志置位
            break;
        case 0x02:
            if(cflag)
            {
            switch(PP)
              {
            case 1:                                //年
```

```
      times[6]++;
  if((times[6]&0x0f)==0x0a)
   {
        times[6] +=0x06;
   }
   if(times[6]>0x99)
   {
   times[6]=0x00;
   }
   Disp1Char(3,0,shuzi[times[6]>>4]);
   Disp1Char(4,0,shuzi[times[6]&0x0f]);
   LocateXY(4,0);
   break;
   case 2:                              //月
        times[4]++;
     if((times[4]&0x0f)==0x0a)
      {
        times[4] +=0x06;
      }
      if(times[4]>0x12)
      {
       times[4]=0x01;
      }
      Disp1Char(6,0,shuzi[times[4]>>4]);
      Disp1Char(7,0,shuzi[times[4]&0x0f]);
      LocateXY(7,0);
      break;
   case 3:                              //日
      times[3]++;
   if((times[3]&0x0f)==0x0a)
    {
        times[3] +=0x06;
    }
    if(times[3]>0x31)
    {
    times[3]=0x01;
    }
   Disp1Char(9,0,shuzi[times[3]>>4]);
    Disp1Char(10,0,shuzi[times[3]&0x0f]);
    LocateXY(10,0);
    break;
   case 4:                              //周
         times[5]++;
         if((times[5]&0x0f)==0x08)
```

```
                {
                    times[5]=0x01;
                }
                Disp1Char(13,0,shuzi[times[5]]);
                LocateXY(13,0);
                break;
        case 5:                                     //时
                times[2]++;
                if((times[2]&0x0f)==0x0a)
                {
                    times[2] +=0x06;
                }
                if(times[2]>0x23)
                {
                    times[2]=0x00;
                }
                Disp1Char(3,1,shuzi[times[2]>>4]);
                Disp1Char(4,1,shuzi[times[2]&0x0f]);
                LocateXY(4,1);
                break;
        case 6:                                     //分
                times[1]++;
                if((times[1]&0x0f)==0x0a)
                {
                    times[1] +=0x06;
                }
                if(times[1]>0x59)
                {
                    times[1]=0x00;
                }
                Disp1Char(6,1,shuzi[times[1]>>4]);
                Disp1Char(7,1,shuzi[times[1]&0x0f]);
                LocateXY(7,1);
                break;
        case 0:                                     //时
                times[0]++;
                if((times[0]&0x0f)==0x0a)
                {
                    times[0] +=0x06;
                }
                if(times[0]>0x59)
                {
                    times[0]=0x00;
                }
```

```
                    Disp1Char(9,1,shuzi[times[0]>>4]);
                    Disp1Char(10,1,shuzi[times[0]&0x0f]);
                    LocateXY(10,1);
                    break;
              default:
                    break;

              }
          }
          break;
case 0x03:
          if(cflag)
          {
              cflag=0;
              PP=0;
              LcdWriteCommand(0x0c, 1);           //关闭游标
          }
          break;
case 0x04:
          if(cflag)
          {
              cflag=0;
              PP=0;
              LcdWriteCommand(0x0c, 1);           //关闭游标
              Set_DS1302(times);
          }
          break;
      default:
          break;
      }
    }
}
/*******************************************
函数名称:ShowTime
功    能:将 DS1302 的时间转换成 10 进制显示
参    数:无
返 回 值:无
********************************************/
void ShowTime(void)
{
    uchar h1[14];                            //第 1 行显示数据
    uchar h2[8];                             //第 2 行显示数据

    h1[0]=shuzi[2];
```

```
    h1[1]=shuzi[0];
    h1[2]=shuzi[times[6]>>4];                    //年
    h1[3]=shuzi[times[6]&0x0f];
    h1[4]=0x2d;                                   //"-"
    h1[5]=shuzi[times[4]>>4];                     //月
    h1[6]=shuzi[times[4]&0x0f];
    h1[7]=0x2d;                                   //"-"
    h1[8]=shuzi[times[3]>>4];                     //日
    h1[9]=shuzi[times[3]&0x0f];
    h1[10]=0x20;                                  //" "
    h1[11]=0x2a;                                  //"*"
    h1[12]=shuzi[times[5]];                       //周
    h1[13]=0x2a;                                  //"*"
    DispNChar(1,0,14,h1);                         //在第一行显示

    h2[0]=shuzi[times[2]>>4];                     //时
    h2[1]=shuzi[times[2]&0x0f];
    h2[2]=0x3a;                                   //":"
    h2[3]=shuzi[times[1]>>4];                     //分
    h2[4]=shuzi[times[1]&0x0f];
    h2[5]=0x3a;                                   //":"
    h2[6]=shuzi[times[0]>>4];                     //秒
    h2[7]=shuzi[times[0]&0x0f];
    DispNChar(3,1,8,h2);                          //在第二行显示
}
```

技能训练

一、训练目标

（1）学会使用 DS1302 时钟芯片。
（2）学会应用 MSP430 单片机驱动 DS1302，实现时钟控制。

二、训练内容与步骤

1. 建立单片机 DS1302 工程

（1）在 E：\MSP430\M430 目录下，新建一个文件夹 H02A。

（2）将光盘的 M430 目录下 H02 文件夹内的"ds1302.h""ds1302.c""lcd1602.h""lcd1602.c""key.c"5 个文件复制到文件夹 H02A 内。

（3）启动 IAR 软件。

（4）选择执行"Project"菜单下的"Create New Project"子菜单命令，弹出创建新工程的对话框。

（5）在 Project templates 工程模板中选择"C"语言项目，展开 C，选择"main"。

（6）单击"OK"按钮，弹出保存项目对话框，在另存为对话框，输入工程文件名"H001A"，单击"保存"按钮。

2. 编写程序文件

在 main 中输入"DS1302 控制主程序",单击工具栏保存按钮 ,保存文件。

3. 编译程序

(1) 右键单击"H002A_Debug"项目,在弹出的菜单中执行的 Option 选项命令,弹出选项设置对话框。

(2) 在 Target 目标元件选项页的 Device 器件配置下拉列表选项中选择"MSP430F149"。

(3) 设置完成,单击"OK"按钮确认。

(4) 单击"Project"工程下的"Make"编译所有文件,或工具栏的 Make 按钮 ,编译所有项目文件。

(5) 首次编译时,弹出保存工程管理空间对话框,在文件名栏输入"H002A",单击保存按钮,保存工程管理空间。

4. 生成 TXT 文件

(1) 项目编译成功后,单击工程管理空间中的工作模式切换栏的下拉箭头,选择"Release"软件发布选项,将软件工作模式切换到发布状态。

(2) 右键单击"H002A_Debug"项目,在弹出的菜单中选择 Option 选项,弹出选项设置对话框。

(3) 选择"Linker"输出链接项目,单击"Output"输出选项页,勾选输出文件下的"Override default"覆盖默认复选框。

(4) 单击"OK"按钮,完成生成 TXT 文件设置。

(5) 再单击工具栏的 Make 按钮 ,编译所有项目文件,生成 H002A. TXT 文件。

5. 下载调试程序

(1) 将 MSP430F149 开发板的 USB 端口与电脑 USB 连接。

(2) 启动 MSP430 BSL 下载软件。

(3) 单击"Tool"工具菜单下的"Setup"设置子菜单,设置下载参数,选择 USB 下载端口,单击"OK"按钮,完成下载参数设置。

(4) 单击"File"文件菜单下的"Open"打开子菜单,弹出打开文件对话框,选择 H02A 文件夹内的"Release"文件夹,打开文件夹,选择"H002A. TXT"文件。

(5) 单击"打开"按钮,打开文件。

(6) 选择器件类型"MSP430F149",单击"Auto"自动按钮,程序下载到 MSP430F149 开发板。

(7) 调试。

1) 按 K17 键进入设置模式并可以选择更改参数的位置。

2) 按 K18 键单方向增加数值。

3) 按 K19 键放弃当前修改回到工作模式。

4) 按 K20 键保存当前数值回到工作模式。

习题8

1. 编写 MSP430 单片机控制程序,利用 I^2C 总线技术,读写任意指定地址的数据。

2. 编写 MSP430 单片机控制程序,通过 DS1302 时钟控制,利用 LCD1602 液晶显示日期、时间信息。

项目九 模拟量处理

学习目标

（1）学习模数转换与数模转换知识。
（2）应用单片机进行模数转换。

任务 16 模 数 转 换

基础知识

一、模数转换与数模转换

1. 数模（D/A）转换

数模（D/A）转换即将数字量转换为模拟量（电压或电流），使输出的模拟电量与输入的数字量成正比。实现数模转换的电路称为数模转换器（Digital–Analog Converter），简称 D/A 或 DAC。

D/A 转换的主要技术指标是分辨率和转换精度。

（1）分辨率。分辨率定义为 D/A 转换器模拟输出电压可能被分离的等级数。n 位 DAC 最多有 2^n 个模拟输出电压。位数越多 D/A 转换器的分辨率越高。

分辨率也可以用能分辨的最小输出电压（$V_{REF}/2^n$）与最大输出电压（$(V_{REF}/2^n)(2^n-1)$）之比给出。n 位 D/A 转换器的分辨率可表示为：$1/(2^n-1)$。

（2）转换精度。转换精度是指对给定的数字量，D/A 转换器实际值与理论值之间的最大偏差。

2. A/D 数模转换

模数转换是将模拟量（电压或电流）转换成数字量。这种模数转换的电路成为模数转换器（Analog–Digital Converter），简称 A/D 或 ADC。

（1）A/D 转换器分类和特点如下。

1）并联比较型。特点：转换速度快，转换时间 10ns~1us，但电路复杂。

2）逐次逼近型。特点：转换速度适中，转换时间为几 us~100us，转换精度高，在转换速度和硬件复杂度之间达到一个很好的平衡。

3）双积分型。特点：转换速度慢，转换时间几百 us~几 ms，但抗干扰能力最强。

（2）A/D 的一般转换过程。由于输入的模拟信号在时间上是连续量，所以一般的 A/D 转换过程为：采样、保持、量化和编码。

1）采样。采样是将随时间连续变化的模拟量转换为在时间上离散的模拟量。理论上来说，肯定是采样频率越高越接近真实值。对模拟信号的采样原理如图 9–1 所示。

采样定理：设采样信号 $S(t)$ 的频率为 f_s，输入模拟信号 $v_I(t)$ 的最高频率分量的频率为 f_{imax}，则 $f_s \geqslant 2f_{imax}$。

2）取样。采得模拟信号转换为数字信号都需要一定时间，为了给后续的量化编码过程提供一个稳定的值，在取样电路后要求将所采样的模拟信号保持一段时间。保持电路如图 9-2 所示。

电路分析，取 $R_i = R_f$。N 沟道 MOS 管 T 作为开关用。当控制信号 v_L 为高电平时，VT 导通，v_I 经电阻 R_i 和 VT 向电容 C_h 充电。则充电结束后 $v_o = -v_I = v_C$；当控制信号返回低电平后，VT 截止。C_h 无放电回路，所以 v_o 的数值可被保存下来。

取样波形图如图 9-3 所示。

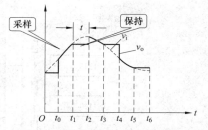

图 9-1　对模拟信号的采样原理

输入信号	量化后电压	编码
1		
	7Δ=7/8V	111
$\frac{7}{8}$V		
	6Δ=6/8V	110
$\frac{6}{8}$V		
	5Δ=5/8V	101
$\frac{5}{8}$V		
	4Δ=4/8V	100
$\frac{4}{8}$V		
	3Δ=3/8V	011
$\frac{3}{8}$V		
	2Δ=2/8V	010
$\frac{2}{8}$V		
	1Δ=1/8V	001
$\frac{1}{8}$V		
0	0Δ=0V	000

图 9-2　保持电路图

输入信号	模拟电平	编码
1		
	7Δ=14/15V	111
$\frac{13}{15}$V		
	6Δ=12/15V	110
$\frac{11}{15}$V		
	5Δ=10/15V	101
$\frac{9}{15}$V		
	4Δ=8/15V	100
$\frac{7}{15}$V		
	3Δ=6/15V	011
$\frac{5}{15}$V		
	2Δ=4/15V	010
$\frac{3}{15}$V		
	1Δ=2/15V	001
$\frac{1}{15}$V		
0	0Δ=0V	000

图 9-3　取样波形图

3）量化和编码。数字信号在数值上是离散的。采样—保持电路的输出电压还需按某种近似方式归化到与之相应的离散电平上，任何数字量只能是某个最小数量单位的整数倍。量化后的数值最后还需通过编码过程用一个代码表示出来。经编码后得到的代码就是 A/D 转换器输出的数字量。

近似量化方式有两种：①只舍不入量化方式，量化过程将不足一个量化单位部分舍弃，对于等于或大于一个量化单位部分按一个量化单位处理；②四舍五入量化方式，量化过程将不足半个量化单位部分舍弃，对于等于或大于半个量化单位部分按一个量化单位处理。

（3）A/D 转换器简介。

1）并行比较型 A/D 转换器电路如图 9-4 所示。根据各比较器的参考电压，可以确定输入模拟电压值与各比较器输出状态的关系。比较器的输出状态由 D 触发器存储，经优先编码器编码，得到数字量输出。3 位并行 A/D 转换输入与输出对应表见表 9-1。

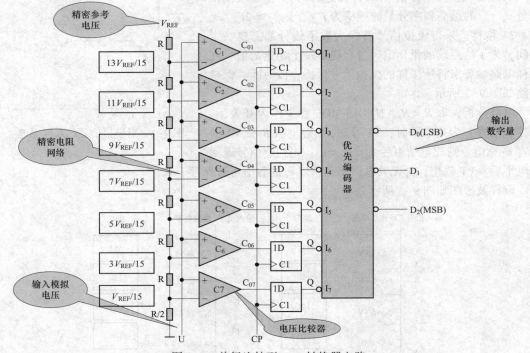

图 9-4　并行比较型 A/D 转换器电路

表 9-1　　　　　　　　　　　**3 位并行 A/D 转换输入与输出对应表**

输入模拟电压 v_i	代码转换器输入							数字量		
	Q7	Q6	Q5	Q4	Q3	Q2	Q1	D2	D1	D0
$(0 \leqslant v_i \leqslant 1/15)\ V_{REF}$	0	0	0	0	0	0	0	0	0	0
$(1/15 \leqslant v_i \leqslant 3/15)\ V_{REF}$	0	0	0	0	0	0	1	0	0	1
$(3/15 \leqslant v_i \leqslant 5/15)\ V_{REF}$	0	0	0	0	0	1	1	0	1	0
$(5/15 \leqslant v_i \leqslant 7/15)\ V_{REF}$	0	0	0	0	1	1	1	0	1	1
$(7/15 \leqslant v_i \leqslant 9/15)\ V_{REF}$	0	0	0	1	1	1	1	1	0	0
$(9/15 \leqslant v_i \leqslant 11/15)\ V_{REF}$	0	0	1	1	1	1	1	1	0	1
$(11/15 \leqslant v_i \leqslant 13/15)\ V_{REF}$	0	1	1	1	1	1	1	1	1	0
$(13/15 \leqslant v_i \leqslant 1)\ V_{REF}$	1	1	1	1	1	1	1	1	1	1

　　单片集成并行比较型 A/D 转换器的产品很多，如 AD 公司的 AD9012（TTL 工艺 8 位）、AD9002（ECL 工艺，8 位）、AD9020（TTL 工艺，10 位）等。其优点是转换速度快，缺点是电路复杂。

　　2）逐次比较型 A/D 转换器。逐次逼近转换过程与用天平秤重物过程非常相似。逐次比较型 A/D 转换原理如图 9-5 所示。

　　逐次逼近 A/D 转换过程和输出结果如图 9-6 所示。

　　逐次比较型 A/D 转换器输出数字量的位数越多转换精度越高；逐次比较型 A/D 转换器完成一次转换所需时间与其位数 n 和时钟脉冲频率有关，位数越少，时钟频率越高，转换所需时间越短。

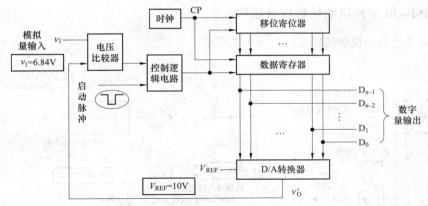

图 9-5　逐次比较型 A/D 转换原理图

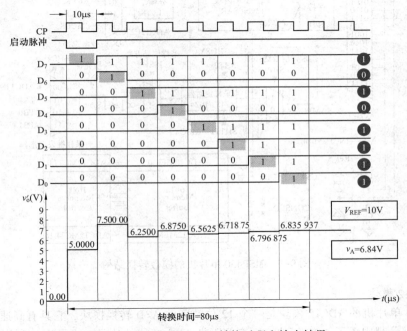

图 9-6　逐次比较型 A/D 转换过程和输出结果

（4）A/D 转换器的参数指标。

1）分辨率：说明 A/D 转换器对输入信号的分辨能力。一般以输出二进制（或十进制）数的位数表示。因为，在最大输入电压一定时，输出位数越多，量化单位越小，分辨率越高。

2）转换误差：表示 A/D 转换器实际输出的数字量和理论上的输出数字量之间的差别。常用最低有效位的倍数表示。

例如，相对误差 $\leqslant \pm LSB/2$，就表明实际输出的数字量和理论上应得到的输出数字量之间的误差小于最低位的半个字。

3）转换时间：从转换控制信号到来开始，到输出端得到稳定的数字信号所经过的时间。

并行比较 A/D 转换器转换速度最高，逐次比较型 A/D 转换器较低。

二、MSP430 单片机的模数转换结构

MSP430 单片机的模数转换结构如图 9-7 所示。

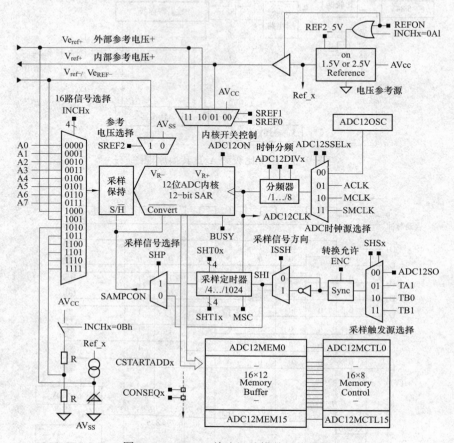

图 9-7   MSP430 单片机的模数转换结构

1. ADC12 模块

MSP430 单片机的 ADC12 模块是一个 12 位精度的 A/D 转换模块，它具有高速度，通用性等特点。大部分都内置了 ADC 模块。而有些不带 ADC 模块的片子，也可通过利用内置的模拟比较器来实现 AD 的转换。

从 ADC12 结构图中可以看出，ADC12 模块由以下部分组成：输入的 16 路模拟开关，ADC 内部电压参考源，ADC12 内核，ADC 时钟源部分，采集与保持/触发源部分，ADC 数据输出部分，ADC 控制寄存器等组成。

（1）输入的 16 路模拟开关。16 路模拟开关分别是由 IC 外部的 8 路模拟信号输入和内部 4 路参考电源输入及 1 路内部温度传感器源及 AVCC-AVSS/2 电压源输入。外部 8 路从 A0-A7 输入，主要是外部测量时的模拟变量信号。

内部 4 路分别是 Veref+ADC 内部参考电源的输出正端，Vref-/Veref-ADC 内部参考电源负端（内部/外部）。1 路 AVCC-AVSS/2 电压源和 1 路内部温度传感器源。片内温度传感器可以用于测量芯片上的温度，可以在设计时做一些有用的控制；在实际应用时用得较多。而其他电源参考源输入可以用作 ADC12 的校验之用，在设计时可作自身校准。

（2）ADC 内部电压参考源。ADC 电压参考源是用于给 ADC12 内核作为一个基准信号之用的，这是 ADC 必不可少的一部分。在 ADC12 模块中基准电压源可以通过软件来设置 6 种不同的组合。AVCC（Vr+），Vref+，Veref+，AVSS（Vr-），Vref-/Veref-。

（3）ADC12 内核。ADC12 的模块内核是共用的，通过前端的模拟开关来分别来完成采集输入。ADC12 是一个精度为 12 位的 ADC 内核，1 位非线性微分误差，1 位非线性积分误差。内核在转换时会参用到两个参考基准电压，一个是参考相对的最大输入最大值，当模拟开关输出的模拟变量大于或等于最大值时 ADC 内核的输出数字量为满量程，也就是 0xfff；另一个则是最小值，当模拟开关输出的模拟变量大小或等于最大值时 ADC 内核的输出数字量为最低量程，也就是 0x00。而这两个参考电压是可以通过软件来编程设置的。

（4）ADC 时钟源部分。ADC12 的时钟源分有 ADC12OSC，ACLK，MCLK，SMCLK。通过编程可以选择其中之一时钟源，同时还可以适当的分频。

（5）采集与保持，触发源部分。ADC12 模块中有着较好的采集与保持电路，采用不同的设置有着灵活的应用。

（6）ADC 数据输出部分。ADC 内核在每次完成转换时都会将相应通道上的输出结果存贮到相应用通道缓冲区单元中，共有 16 个通道缓冲单元。同时 16 个通道的缓冲单元有着相对应的控制寄存器，以实现更灵活的控制。

2. ADC12 模块的所有寄存器

ADC12 模块的所有寄存器见表 9-2。

表 9-2　　　　　　　　　　ADC12 模块的所有寄存器

寄存器	寄存器缩写	寄存器含义
转换控制寄存器	ADC12CTL0	转换控制寄存器 0
	ADC12CTL1	转换控制寄存器 1
中断控制寄存器	ADC12IFG	中断标志寄存器
	ADC12IE	中断使能寄存器
	ADC12IV	中断向量寄存器
存储及其控制寄存器	ADC12MCTL0-ADC12MCTL15	存储控制寄存器 0-15
	ADC12MEM0-ADC12MCTL15	存储寄存器 0-15

（1）ADC12CTL0 转换控制寄存器 0。ADC12CTL0 转换控制寄存器 0 位定义见表 9-3。

表 9-3　　　　　　　ADC12CTL0 转换控制寄存器 0 位定义

B15~B12	B11~B8	B7	B6	B5	B4	B3	B2	B1	B0
SHT1	SHT0	MSC	2.5V	REFON	ADC12ON	ADC12TOVIE	ADC12TVIE	ENC	ADC12SC

1）ADC12SC：采集/转换控制位。采集/转换控制位含义见表 9-4，在不同条件下，ADC12SC 的含义不同。

表 9-4　　　　　　　ADC12SC 采集/转换控制位含义

ENC = 1	SHP = 1	ADC12SC 由 0 变为 1 启动 AD 转换
		AD 转换完成后 ADC12SC 自动复位
ISSH = 0	SHP = 0	ADC12SC 保持高电平时采集
		ADC12SC 复位时启动一次转换

ENC=1：表示转换允许（必须使用）。

ISSH=0：表示采要输入信号为同相输入（推荐使用）。

SHP=1：表示采样信号 SAMPCON 来源于采样定时器。

SHP=0：表示采样直接由 ADC12SC 控制。

使用 ADC12SC 时，需注意以上表格信号的匹配。用软件启动一次 AD 转换，需要使用一条指令来完成 ADC12SC 与 ENC 的设置。

2）ENC：转换允许位。0 为 ADC12 为初始状态，不能启动 AD 转换；1 为首次转换由 SAMPCON 采样信号选择上升沿启动。

只有在该位为高电平时，才能用软件或外部信号启动转换。在不同转换模式，ENC 由高电平变为低电平的影响不同：

当 CONSEQ=0（单通道单次转换模式）且 ADC12BUSY=1（ADC12 处于采样或者转换）时，中途撤走 ENC 信号（高电平变为低电平），则当前操作结束，并可能得到错误结果。所以在单通道单次转换模式整个过程中，都必须保证 ENC 信号有效。

当 CONSEQ=0（非单通道单次转换）时，ENC 由高电平变为低电平，则当前转换正常结束，且转换结果有效，在当前转换结束时停止操作。

3）ADC12TVIE：转换时间溢出中断允许位。0 为没发生转换时间溢出；1 为发生转换时间溢出。

当前转换还没有完成时，又发生一次采样请求，则会发生转换时间溢出。如果允许中断，则会发生中断请求。

4）ADC12OVIE：溢出中断允许位。0 为没有发生溢出；1 为发生溢出。

当 ADC12MEMx 中原有的数据还没有被读出，而现在又有新的转换结果数据要写入时，则会发生溢出。如果相应的中断允许，则会发生中断请求。

5）ADC12ON：ADC12 内核控制位。0 为关闭 ADC12 内核；1 为打开 ADC12 内核。

6）REFON：参考电压控制位。0 为内部参考电压发生器关闭；1 为内部参考电压发生器打开。

7）2.5V：内部参考电压的电压值选择位。0 为选择 1.5V 内部参考电压；1 为选择 2.5V 内部参考电压。

MSC：多次采样/转换位。MSC 有效条件及含义见表 9-5。

表 9-5   MSC 有 效 条 件 及 含 义

有效条件	MSC 值	含 义
SHP=1	0	每次转换需要 SHI 信号的上升沿触发采集定时器
CONSE ! =0	1	仅首次转换同 SHI 信号的上升沿触发采样定时器，而后采样转换将在前一次转换完成立即进行

SHT1、SHT0：采集保持定时器 1，采样保持定时器 0。这是定义了每通道转换结果中的转换时序与采样时钟 ADC12CLK 的关系。采样周期是 ADC12CLK 周期的整 4 倍，则

$$T_{sample} = 4 \times T_{adc12clk} \times N$$

SHT1 采样保持定时器 1、SHT0 采样保持定时器 0 的分频因子如下：

SHITx	0	1	2	3	4	5	6	7	8	9	10	11	12～15
N	1	2	4	8	16	24	32	48	64	96	128	192	256

（2）ADC12CTL1 转换控制寄存器 1。ADC12CTL1 转换控制寄存器 1 位定义见表 9-6。

表 9-6   **ADC12CTL1 转换控制寄存器 1 位定义**

B15~B12	B11~B10	B9	B8	B7~B5	B43B	B2B1	B0
CSSTARTADD	SHS	SHP	ISSH	ADC12DIV	ADC12SSEL	CONSEQ	ADC12BUSY

大多数位只有在 ENC=0 时才可被修改，如 3~15 位。

1）CSSTARTADD：转换存储器地址位，这 4 位表示二进制数 0~15 分别对应 ADC12MEM0-15。可以定义单次转换地址或序列转换的首地址。

2）SHS：采样触发输入源选择位。0 为 ADC12SC；1 为 Timer_A. OUT1；2 为 Timer_B. OUT0；3 为 Timer_B. OUT1。

3）SHP：采样信号（SAMPCON）选择控制位。0 为 SAMPCON 源自采样触发输入信号；1 为 SAMPCON 源自采样定时器，由采样输入信号的上升沿触发采样定时器。

4）ISSH：采样输入信号方向控制位。0 为采样输入信号为同向输入；1 为采样输入信号为反向输入。

5）ADC12DIV：ADC12 时钟源分频因子选择位，分频因子为 3 位二进制数加 1。

6）ADC12SEL：ADC12 内核时钟源选择。0 为 ADC12 内部时钟源 ADC12OSC；1 为 ACLK；2 为 MCLK；3 为 SMCLK。

7）CONSEQ：转换模式选择位。0 为单通道单次转换模式；1 为序列通道单次转换模式；2 为单通道多次转换模式；3 为序列通道多次转换模式。

8）ADC12BUSY：ADC12 忙标志位。0 为没有活动的操作；1 为 ADC12 正处于采样期间、转换期间或序列转换期间。ADC12BUSY 只用于单通道单次转换模式，如果 ENC 复位，则转换立即停止，转换结果不可靠，需要在使 ENC=0 之前，测试 ADC12BUSY 位以确定是否为 0。在其他转换模式下此位是无效的。

（3）ADC12MEM0~ADC12MEM15 转换存储器。ADC12MEM0~ADC12MEM15 为对应通道 0~通道 15 的转换存储器，转换存储器是 16 位寄存器，用来存储 AD 转换结果，只用其中的低 12 位，高 4 位在读出时为 0。

（4）ADC12MCTLx 转换存储器控制寄存器。ADC12MCTLx 转换存储器控制寄存器位定义见表 9-7。

表 9-7   **ADC12MCTLx 转换存储器控制寄存器位定义**

B7	B6~B4	B3~B0
EOS	SREF	INCH

1）EOS：序列结束控制位。0 为序列没有结束；1 为此序列中最后一次转换。

2）SREF：参考电压源选择位。0 为 VR+=AVcc，VR-=AVss；1 为 VR+=Aref+，VR-=AVss；2，3 为 VR+=A eref+，VR-=AVss；4 为 VR+=AVcc，VR-=Vref-/Veref-；5 为 VR+=Vref+，VR-=Vref-/Veref-；6，7 为 VR+=Aeref+，VR-=Vref-/Veref-。

3）INCH：选择模拟输入通道，用 4 位二进制码表示输入通道。0-7 为 A0-A7；8 为 Veref+；9 为 Veref-/Veref-；10 为片内温度传感器的输出；11-15 为（AVcc-AVss）/2。

三、简易数字电压表

1. 实验项目要求

设计一个简单数字电压表，能测量 0~2.5V 的输入电压。模拟电压从 ADC1 端输入，调节连接在 ADC1 端外接电位器使输入电压在 0~2.5V 间变化，将 16 进制 ADC 转换数据变换成三位 10 进制真实的模拟电压数据，并在液晶上显示。

2. 实验项目控制程序

简易数字电压表主程序。

```c
#include"msp430.h"
#include"lcd1602.h"
#include"lcd1602.c"

#define   Num_of_Results   32

uchar shuzi[]={"0123456789. "};
uchar TiShi[]={"The volt is:"};

static uint results[Num_of_Results];          //保存 ADC 转换结果的数组
// is not used for anything.
void Trans_val(uint Hex_Val);

/***********主函数*********/
void main(void)
{
        /*下面六行程序关闭所有的 IO 口*/
    P1DIR=0XFF;P1OUT=0XFF;
    P2DIR=0XFF;P2OUT=0XFF;
    P3DIR=0XFF;P3OUT=0XFF;
    P4DIR=0XFF;P4OUT=0XFF;
    P5DIR=0XFF;P5OUT=0XFF;
    P6DIR=0XFF;P6OUT=0XFF;
    WDTCTL=WDTPW+WDTHOLD;                       //关闭看门狗

    P6DIR|=BIT2;P6OUT|=BIT2;                    //关闭电平转换
    LcdRST();                                   //复位 1602 液晶
    DispNChar(2,0,12, TiShi);                   //显示提示信息
    Disp1Char(11,1,'V');                        //显示电压单位
    P6SEL|=0x01;                                // 使能 ADC 通道
    ADC12CTL0=ADC12ON+SHT0_8+MSC;               // 打开 ADC,设置采样时间
    ADC12CTL1=SHP+CONSEQ_2;                     // 使用采样定时器
    ADC12IE=0x01;                               // 使能 ADC 中断
    ADC12CTL0|=ENC;                             // 使能转换
    ADC12CTL0|=ADC12SC;                         // 开始转换
```

```
        _EINT();
        LPM0;
}


/***********************************************
函数名称:ADC12ISR
功      能:ADC 中断服务函数,在这里用多次平均的
          计算 P6.0 口的模拟电压数值
参      数:无
返 回 值:无
***********************************************/
#pragma vector=ADC_VECTOR
__interrupt void ADC12ISR(void)
{
  static uint index=0;

  results[index++]=ADC12MEM0;              // Move results
  if(index==Num_of_Results)
  {
      uchar i;
      unsigned long sum=0;

      index=0;
      for(i=0;i<Num_of_Results;i++)
      {
          sum +=results[i];
      }
      sum>>=5;                            //除以 32

      Trans_val(sum);
  }
}


/***********************************************
函数名称:Trans_val
功      能:将 16 进制 ADC 转换数据变换成三位 10 进制
          真实的模拟电压数据,并在液晶上显示
参      数:Hex_Val-16 进制数据
          n-变换时的分母等于 2 的 n 次方
返 回 值:无
***********************************************/
void Trans_val(uint Hex_Val)
{
    unsigned long caltmp;
```

```
    uint Curr_Volt;
    uchar t1,i;
    uchar ptr[4];

    caltmp=Hex_Val;
    caltmp=(caltmp<<5)+Hex_Val;            //caltmp=Hex_Val * 33
    caltmp=(caltmp<<3)+(caltmp<<1);        //caltmp=caltmp * 10
    Curr_Volt=caltmp >> 12;                //Curr_Volt=caltmp/ 2^n
    ptr[0]=Curr_Volt/ 100;                 //Hex->Dec 变换
    t1=Curr_Volt -(ptr[0] * 100);
    ptr[2]=t1/ 10;
    ptr[3]=t1 -(ptr[2] * 10);
    ptr[1]=10;                             //shuzi 表中第 10 位对应符号"."
    //在液晶上显示变换后的结果
    for(i=0;i<4;i++)
        Disp1Char((6+i),1,shuzi[ptr[i]]);
}
```

⚙ 技能训练

一、训练目标

（1）学会使用 AVR 单片机 10 位 ADC。

（2）通过单片机实现模拟输入电压的检测。

二、训练内容与步骤

1. 建立一个工程

（1）在 E：\MSP430\M430 目录下，新建一个文件夹 I01A。

（2）将光盘的 M430 目录下 H02 文件夹内的 "lcd1602.h"、"lcd1602.c" 等 2 个文件复制到文件夹 I01A 内。

（3）启动 IAR 软件。

（4）单击 "Project" 菜单下的 "Create New Project" 子菜单，弹出创建新工程的对话框。

（5）在 Project templates 工程模板中选择 "C" 语言项目，展开 C，选择 "main"。

（6）单击 "OK" 按钮，弹出保存项目对话框，在另存为对话框输入工程文件名 "I001A"，单击 "保存" 按钮。

2. 编写程序文件

在 main 中输入 "简易数字电压表主程序"，单击工具栏的保存按钮 🖫，保存文件。

3. 编译程序

（1）右键单击 "I001A_Debug" 项目，在弹出的菜单中选择 Option 选项，弹出选项设置对话框。

（2）在 Target 目标元件选项页，在 Device 器件配置下拉列表选项中选择 "MSP430F149"。

（3）设置完成，单击 "OK" 按钮确认。

（4）单击执行 "Project" 工程下的 "Make" 编译所有文件，或工具栏的 Make 按钮 🖳，编译所有项目文件。

（5）首次编译时，弹出保存工程管理空间对话框，在文件名栏输入"I001A"，单击保存按钮，保存工程管理空间。

4. 生成 TXT 文件

（1）项目编译成功后，单击工程管理空间中的工作模式切换栏的下拉箭头，选择"Release"软件发布选项，将软件工作模式切换到发布状态。

（2）右键单击"I001A_ Debug"项目，在弹出的菜单中选择 Option 选项，弹出选项设置对话框。

（3）选择"Linker"输出链接项目，单击"Output"输出选项页，勾选输出文件下的"Override default"覆盖默认复选框。

（4）单击"OK"按钮，完成生成 TXT 文件设置。

（5）再单击工具栏的 Make 按钮，编译所有项目文件，生成 I001A. TXT 文件。

5. 下载调试程序

（1）将 MSP430F149 开发板的 USB 端口与电脑 USB 连接。

（2）启动 MSP430 BSL 下载软件。

（3）单击"Tool"工具菜单下的"Setup"设置子菜单命令，设置下载参数，选择 USB 下载端口，单击"OK"按钮，完成下载参数设置。

（4）单击执行"File"文件菜单下"Open"打开子菜单命令，弹出打开文件对话框，选择 I01A 文件夹内的"Release"文件夹，打开文件夹，选择"I001A. TXT"文件。

（5）单击"打开"按钮，打开文件。

（6）选择器件类型"MSP430F149"，单击"Auto"自动按钮，程序下载到 MSP430F149 开发板。

（7）调试。

1）调节模拟输入端 P6.0 的连接的电位器 RP4，观看 LCD1602 液晶屏显示。

2）测量 P6.0 端的电压，与 LCD1602 液晶屏显示显示数据比较，计算测量误差。

📖 **习题9**

1. 设计应用 P6.1 通道 1 进行模数转换的控制程序。

2. 设计应用 P6.0 通道 0、P6.1 通道 1 进行差分输入模拟检测控制程序。

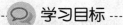

项目十 电动机的控制

学习目标

（1）学会控制交流电动机。
（2）学会控制步进电动机。

任务 17　交流电动机的控制

基础知识

一、交流电动机继电器/接触器控制

1. 交流异步电动机的基本结构

交流异步电动机主要由定子、转子、机座等组成，其基本结构如图 10-1 所示。定子由定子铁心、三相对称分布的定子绕组组成，转子由转子铁心、笼型转子绕组、转轴等组成。此外，支撑整个交流异步电动机部分是机座、前端盖、后端盖，机座上有接线盒、吊环等，散热部分有风扇、风扇罩等。

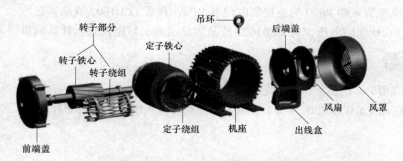

图 10-1　交流异步电动机的基本结构

2. 交流异步电动机工作原理

交流异步电动机（也叫感应电机）是一种交流旋转电动机。

当定子三相对称绕组加上对称的三相交流电压后，定子三相绕组中便有对称的三相电流流过，它们共同形成定子旋转磁场。

磁力线将切割转子导体而感应出电动势。在该电动势作用下，转子导体内便有电流通过，转子导体内电流与旋转磁场相互作用，使转子导体受到电磁力的作用。在该电磁力作用下，电动机转子就转动起来，其转向与旋转磁场的方向相同。

这时，如果在电动机轴上加载机械负载，电动机便拖动负载运转，输出机械功率。

转子与旋转磁场之间必须要有相对运动才可以产生电磁感应，若两者转速相同，转子与旋转磁场保持相对静止，没有电磁感应，转子电流及电磁转矩均为零，转子失去旋转动力。因此，这类电动机的转子转速必定低于旋转磁场的转速（同步转速），所以被称为交流异步电动机。

3. 交流异步电动机的接触器控制

（1）闸刀开关。闸刀开关又叫刀开关，一般用于不频繁操作的低压电路中，用作接通和切断电源，或用来将电路与电源隔离，有时也用来控制小容量电动机的直接起动与停机。刀开关由闸刀（动触点）、静插座（静触点）、手柄和绝缘底板等组成。刀开关的种类很多。按极数（刀片数）分为单极、双极和三极；按结构分为平板式和条架式；按操作方式分为直接手柄操作式、杠杆操作机构式和电动操作机构式；按转换方向，分为单投和双投等。

（2）按钮。按钮主要用于接通或断开辅助电路，靠手动操作。可以远距离操作继电器、接触器接通或断开控制电路，从而控制电动机或其他电气设备的运行。按钮的结构如图 10-2 所示。

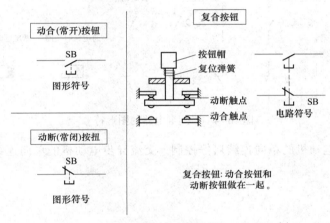

图 10-2　按钮的结构

按钮触点主要分动断触点（常闭触点）和动合触点（常开触点）两种。

动断触点是按钮未按下时闭合、按下后断开的触点。动合触点是按钮未按下时断开、按下后闭合的触点。按钮按下时，动断触点先断开，然后动合触点闭合；松开后，依靠复位弹簧使触点恢复到原来的位置，触电自动复位的先后顺序相反，即动合触点先断开，动断触点后闭合。

（3）交流接触器。交流接触器由电磁铁和触头组成，电磁铁的线圈通电时产生电磁吸引力将衔铁吸下，使常开触点闭合，常闭触点断开。线圈断电后电磁吸引力消失，依靠弹簧使触点恢复到原来的状态。接触器的图形符号如图 10-3 所示。

根据用途不同，交流接触器的触点分主触点和辅助触点两种。主触点一般比较大，接触电阻较小，用于接通或分断较大的电流，常接在主电路中；辅助触点一般比较小，接

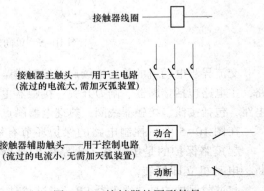

图 10-3　接触器的图形符号

触电阻较大，用于接通或分断较小的电流，常接在控制电路（或称辅助电路）中。有时为了接通和分断较大的电流，在主触点上装有灭弧装置，以熄灭由于主触点断开而产生的电弧，防止烧坏触点。

接触器是电力拖动中最主要的控制电器之一。在设计它的触点时已考虑到接通负荷时的起动电流问题，因此，选用接触器时主要应根据负荷的额定电流来确定。如一台 Y112M-4 三相异步电动机，额定功率 4kW，额定电流为 8.8A，选用主触点额定电流为 10A 的交流接触器即可。

（4）时间继电器。时间继电器是从得到输入信号（线圈通电或断电）起，经过一段时间延时后才动作的继电器，适用于定时控制。时间继电器种类很多，按构成原理分，有电磁式、电动式、空气阻尼式、晶体管式、电子式和数字式时间继电器等。其中空气阻尼式时间继电器是利用空气阻尼的原理制成的，有通电延时型和断电延时型两种。时间继电器的图形符号如图 10-4 所示。

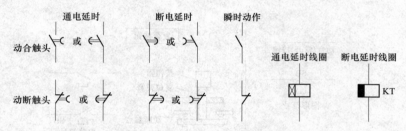

图 10-4　时间继电器的图形符号

（5）交流异步电动机的单向连续启停控制。交流异步电动机的单向连续启停控制电路如图 10-5 所示。

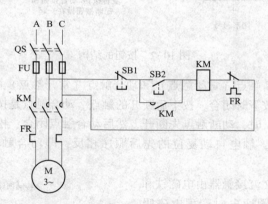

图 10-5　单向连续启停控制电路

交流异步电动机的单向连续启停控制线路包括主电路和控制电路。与电动机连接的是主电路，主电路包括熔断器、闸刀开关、接触器主触头、热继电器、电动机等。主电路右边是控制电路，包括按钮、接触器线圈，热继电器触点等。

在图 10-5 中，控制电路的保护环节有短路保护、过载保护和零压保护。

起短路保护的是串接在主电路中的熔断器 FU。一旦电路发生短路故障，熔体立即熔断，电动机立即停转。

起过载保护的是热继电器 FR。当过载时，热继电器的发热元件发热，将其动断触点断开，使接触器 KM 线圈断电，串联在电动机回路中的 KM 的主触点断开，电动机停转。同时 KM 辅助触点也断开。故障排除后若要重新起动，需按下 FR 的复位按钮，使 FR 的动断触点复位（闭合）即可。

起零压（或欠压）保护的是接触器 KM 本身。当电源暂时断电或电压严重下降时，接触器 KM 线圈的电磁吸力不足，衔铁自行释放，使主、辅触点自行复位，切断电源，电动机停转，同时解除自锁。

图中 SB1 为停止按钮，SB2 为启动按钮，KM 为接触器线圈。

按下启动按钮 SB2，接触器线圈 KM 得电，辅助触点 KM 闭合，维持线圈得电，主触头接通交流电动机电路，交流电动机得电运行。

按下停止按钮 SB1，接触器线圈 KM 失电，辅助触点 KM 断开，线圈维持断开，交流电动机失电停止。

（6）交流异步电动机的正反转控制。交流异步电动机的正反转启停控制电路如图 10-6 所示。

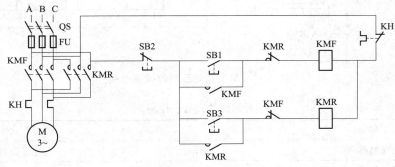

图 10-6　正反转启停控制电路

图中，KMF 为正转接触器，KMR 为反转接触器，SB2 为停止按钮，SB1 为正转启动按钮，SB3 为反转启动按钮。

通过 KMF 正转接触器、KMR 反转接触器可以实现交流电相序的变更，通过交换三相交流电的相序来实现交流电动机的正、反转。

按下启动正转按钮 SB1，正转接触器线圈 KMF 得电，辅助触点 KMF 闭合，维持 KMF 线圈得电，主触头 KMF 接通交流电动机电路，交流电动机得电正转运行。

按下停止按钮 SB2，正转接触器线圈 KMF 失电，交流电动机停止。

按下启动反转按钮 SB3，反转接触器线圈 KMR 得电，辅助触点 KMR 闭合，维持 KMT 线圈得电，主触头 KMR 接通交流电动机电路，交流电动机得电反转运行。

按下停止按钮 SB2，反转接触器线圈 KMR 失电，交流电动机停止。

（7）交流异步电动机星三角降压启停控制。正常运转时定子绕组接成三角形的三相异步电动机在需要降压起动时，可采用丫—△降压起动的方法进行空载或轻载起动。其方法是起动时先将定子绕组联成星形接法，待转速上升到一定程度，再将定子绕组的接线改接成三角形，使电动机进入全压运行。由于此法简便经济而得到普遍应用。

交流异步电动机的星三角降压启停控制电路如图 10-7 所示。图 10-7 中各元器件的名称、代号、作用见表 10-1。

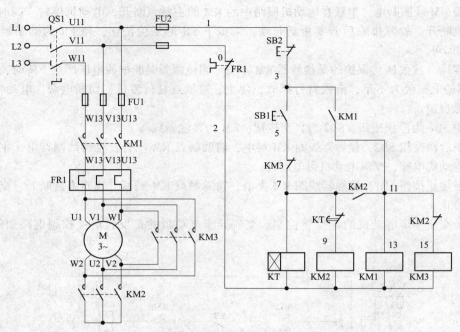

图 10-7　星三角降压启停控制电路

表 10-1	元器件的代号、作用	
名　称	代　号	用　途
交流接触器	KM1	电源控制
交流接触器	KM2	星形联接
交流接触器	KM3	三角形联接
时间继电器	KT	延时自动转换控制
起动按钮	SB1	起动控制
停止按钮	SB2	停止控制
热继电器	FR1	过载保护

分析三相交流异步电动机的星—三角（Y—△）降压起动控制线路可以写出如下的控制函数：

$$KM1 = (SB1 \cdot \overline{KM3} \cdot KM2 + KM1) \cdot \overline{SB2} \cdot \overline{FR1}$$

$$KM2 = (SB1 \cdot \overline{KM3} + KM1 \cdot KM2) \cdot \overline{SB2} \cdot \overline{FR1} \cdot \overline{KT}$$

$$KM3 = KM1 \cdot \overline{KM2}$$

$$KT = KM1 \cdot KM2$$

二、交流电动机的单片机控制

1. 单片机输出电路

单片机控制交流电动机时，单片机的输出端连接一个三极管，由三极管驱动继电器，再由继电器驱动交流接触器，最后通过交流接触器驱动交流电动机。

单片机输出电路如图 10-8 所示。

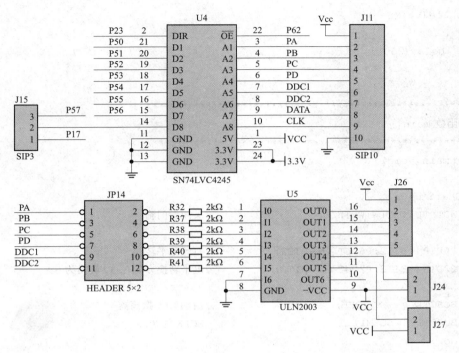

图 10-8 单片机输出电路

单片机的输出端 P5.0～P5.5 通过电平转换电路连接 PA、PB、PC、PD、DDC1、DDC2，PA、PB、PC、PD、DDC1、DDC2 再通过 JP14 接达林顿驱动模块 2003，当单片机输出端为高电平时，达林顿驱动模块 2003 输出端导通。利用 DDC1、DDC2 可以驱动外接继电器，再由继电器驱动外接的交流接触器，控制交流电动机的运行。

2. 交流电动机正反转控制

（1）程序清单。设定 K1 为正转启动按钮，K2 为停止按钮，K3 为反转启动按钮，P5.4 连接正转继电器，P5.5 连接反转继电器。

```
#include "msp430.h"
#define uChar8 unsigned char          //uChar8 宏定义
#define uInt16 unsigned int           //uInt16 宏定义
/*********************************************************
//函数名称:Delay()
*********************************************************/
void Delay(uInt16  ValuS)
{
      while(ValuS--);
}
/*********************************************************
//函数名称:DelayMS()
*********************************************************/
```

```
void DelayMS(uInt16  ValMS)
{
   while(ValMS--)
     {
      Delay(250);
     }
}
/**********************************************************/
//主函数 main()
/**********************************************************/
void main(void)
{
  uChar8 i=0;
    WDTCTL=WDTPW+WDTHOLD;                //关闭看门狗

    P6DIR|=BIT2;P6OUT &=~BIT2;           //打开电平转换
    P2DIR|=BIT3;P2OUT &=~BIT3;           //电平转换方向 3.3V 转换为 5V

    BCSCTL1&=~XT2OFF;                    //启动 XT2 振荡器
    BCSCTL2|=SELM1;                      //MCLK 为 XT2
    do
    {
        IFG1&=~OFIFG;
        for(i=0xFF;i>0;i--);
    }
    while((IFG1&OFIFG)!=0);

    P1DIR=0x00;                          //设置 P1 端口为输入
    P5DIR|=BIT4;P5OUT &=~BIT4;           //继电器 1 断开
    P5DIR|=BIT5;P5OUT &=~BIT5;           //继电器 2 断开


    while(1)                             // while 循环
     {
     if(0xfe==P1IN)                      //判断 KEY1 按下
       {
           DelayMS(5);                   //延时去抖
           if(0xfe==P1IN)                //再次判断 KEY1 按下
           {
           if(0x00==P5IN&0x30)
           P5OUT|=BIT4;                  //继电器 1 闭合
           while(P1IN!=0xfe);            //等待 SB1 弹起
           }
       }
```

```
    if(0xfd==P1IN)                    //判断 SB2 按下
        {
        DelayMS(5);                   //延时去抖
        if(0xfd==P1IN)                //再次判断 SB2 按下
            {
        P5OUT&=~BIT4;                 //继电器 1 断开
        P5OUT&=~BIT5;                 //继电器 2 断开
        while(P1IN!=0xfd);            //等待 SB2 弹起
            }
        }
    if(0xfb==P1IN)                    //判断 SB3 按下
        {
        DelayMS(5);                   //延时去抖
        if(0xfb==P1IN)                //再次判断 SB3 按下
            {
        if(0x00==P5IN&0x30)
        P5OUT|=BIT5;                  //继电器 2 闭合
        while(P1IN!=0xfb);            //等待 SB3 弹起
            }
        }
    }                                 //while 循环结束
}
```

（2）程序分析。程序设定了单片机的正、反转和停止按钮的输入控制端 SB1 （P1.0）、SB2 （P1.1）、SB3 （P1.2），设定了继电器正转 （P5.4）、反转输出控制端 （P5.5）。

设计了延时函数，按键检测、处理程序。

在主函数程序中，为了防止按钮抖动的影响，通过延时函数，延时 5ms 再扫描检测一次，再确定键值。

根据按键值，按键处理程序给出处理输出。

若按下正转启动输入端按钮 SB1 （P1.0），控制与正转接触器连接的输出端 P5.4 为高电平，带动外部继电器 1 动作，继电器 1 控制外部连接的正转接触器动作，驱动交流电动机正转。

若按下停止按钮框 SB2 （P1.1），程序使继电器 1、继电器 2 赋值为 0，外接继电器失电，外接交流接触器失电，交流电动机停止运行。

若按下反转启动输入端按钮 SB3 （P1.2），控制与反转接触器连接的输出端 P5.5 为高电平，带动外部继电器 2 动作，继电器 2 控制外部连接的反转接触器动作，驱动交流电动机反转。

 技能训练

一、训练目标

（1）学会使用单片机实现交流电动机控制。

（2）通过单片机实现交流电动机的正反转控制。

二、训练内容与步骤

1. 建立一个工程

（1）在 E：\MSP430\M430 目录下，新建一个文件夹 J01。

（2）启动 IAR 软件。

（3）选择执行"Project"菜单下的"Create New Project"子菜单命令，弹出创建新工程的对话框。

（4）在 Project templates 工程模板中选择"C"语言项目，展开 C，选择"main"。

（5）单击"OK"按钮，弹出保存项目对话框，在另存为对话框，输入工程文件名"J001"，单击"保存"按钮。

2. 编写程序文件

在 main 中输入"交流电动机正反转控制"程序，单击工具栏的保存按钮 🖫，并保存文件。

3. 编译程序

（1）右键单击"J001_Debug"项目，在弹出的菜单中选择 Option 选项，弹出选项设置对话框。

（2）在 Target 目标元件选项页，在 Device 器件配置下拉列表选项中选择"MSP430F149"。

（3）设置完成，单击"OK"按钮确认。

（4）单击执行"Project"工程下的"Make"编译所有文件命令，或工具栏的 Make 按钮 🖫，编译所有项目文件。

（5）首次编译时，弹出保存工程管理空间对话框，在文件名栏输入"J001"，单击保存按钮，保存工程管理空间。

4. 生成 TXT 文件

（1）项目编译成功后，单击工程管理空间中的工作模式切换栏的下拉箭头，选择"Release"软件发布选项，将软件工作模式切换到发布状态。

（2）右键单击"J001_Debug"项目，在弹出的菜单中选择 Option 选项，弹出选项设置对话框。

（3）选择"Linker"输出链接项目，单击"Output"输出选项页，勾选输出文件下的"Override default"覆盖默认复选框。

（4）单击"OK"按钮，完成生成 TXT 文件设置。

（5）再单击工具栏的 Make 按钮 🖫，编译所有项目文件，生成 J001. TXT 文件。

5. 下载调试程序

（1）将 MSP430F149 开发板的 USB 端口与电脑 USB 连接。

（2）启动 MSP430 BSL 下载软件。

（3）单击"Tool"工具菜单下的"Setup"设置子菜单命令，设置下载参数，选择 USB 下载端口，单击"OK"按钮，完成下载参数设置。

（4）单击"File"文件菜单下的"Open"，打开子菜单命令，弹出打开文件对话框，选择 J01 文件夹内"Release"文件夹，打开文件夹，选择"J001. TXT"文件。

（5）单击"打开"按钮，打开文件。

（6）选择器件类型"MSP430F149"，单击"Auto"自动按钮，程序下载到 MSP430F149 开发板。

（7）调试。

1）将继电器 1、继电器 2 连接到输出端 J24、J27。

2）打开电源，按下按键 SB1，观察继电器 1、继电器 2 的状态变化。

3）按下按键 SB3，观察继电器 1、继电器 2 的状态变化。

4）按下按键 SB2，观察继电器 1、继电器 2 的状态变化。

5）按下按键 SB3，观察继电器 1、继电器 2 的状态变化。

任务 18　步进电动机的控制

 基础知识

步进电动机是将电脉冲信号转变为角位移或线位移的开环控制元件。在非超载的情况下，电动机的转速、停止的位置只取决于脉冲信号的频率和脉冲数，而不受负载变化的影响，当步进驱动器接收到一个脉冲信号，它就驱动步进电动机按设定的方向转动一个固定的角度，称为"步距角"，它的旋转是以固定的角度一步一步运行的。可以通过控制脉冲个数来控制角位移量，从而达到准确定位的目的；同时可以通过控制脉冲频率来控制电动机转动的速度和加速度，从而达到调速的目的。

步进电动机的类型很多，按结构分为：反应式（Variable Reluctance，VR）、永磁式（Permanent Magnet，PM）和混合式（Hybrid Stepping，HS）。

反应式：定子上有绕组、转子由软磁材料组成。结构简单、成本低、步距角小（可达 1.2°），但动态性能差、效率低、发热大，可靠性难保证，因而慢慢的在淘汰。

永磁式：永磁式步进电动机的转子用永磁材料制成，转子的极数与定子的极数相同。其特点是动态性能好、输出力矩大，但这种电动机精度差，步矩角大（一般为 7.5°或 15°）。

混合式：混合式步进电动机综合了反应式和永磁式的优点，其定子上有多相绕组，转子上采用永磁材料，转子和定子上均有多个小齿以提高步矩精度。其特点是输出力矩大，动态性能好，步距角小，但结构复杂，成本相对较高。

28BYJ-48 步进电动机的内部结构如图 10-9 所示。

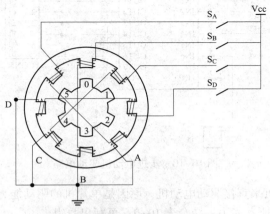

图 10-9　步进电动机内部结构图

其中，转子上面有 6 个齿，分别标注为 0~5，转子的每个齿上都带有永久的磁性，是一块永磁体；外边定子的 8 个线圈，它是保持不动的，实际上跟电动机的外壳固定在一起的。它上面有 8 个齿，而每个齿上都有一个线圈绕组，正对着的 2 个齿上的绕组又是串联在一起的，也就是说正对着的 2 个绕组总是会同时导通或断开的，如此就形成了 4（8/2）相，在图 10-9 中分别标注为 A-B-C-D。

当定子的一个绕组通电时，将产生一个方向的磁场，如果这个磁场的方向和转子磁场方向不在同一条直线上，那么定子和转子的磁场将产生一个扭力将转子子转动。

依次给 A、B、C、D 四个端子脉冲时，转子就会连续不断地转动起来。每个脉冲信号对应步进电动机的某一相或两相绕组的通电状态改变一次，也就对应转子转过一定的角度（一个步距角）。当通电状态的改变完成一个循环时，转子转过一个齿距。四相步进电动机可以在不同的通电方式下运行，常见的通电方式有单（单相绕组通电）四拍方式（A-B-C-D-A…），双（双相绕组通电）四拍方式（AB-BC-CD-DA-AB-…），八拍方式（A-AB-B-BC-C-CD-D-DA-A…）。

八拍模式绕组控制顺序见表 10-2。

表 10-2　　　　　　　　八拍模式绕组控制顺序表

线色	1	2	3	4	5	6	7	8
5 红	+	+	+	+	+	+	+	+
4 橙	−	−	−	−	−	+	+	+
3 黄	−	−	−	+	+	+	−	−
2 粉	−	+	+	+	−	−	−	−
1 蓝	+	+	−	−	−	−	−	+

实验板上的步进电动机驱动电路如图 10-10 所示。其中 P5.0、P5.1、P5.2、P5.3 为单片机的输出端，通过电平转换电路连接 PA、PB、PC、PD、DDC1、DDC2，PA、PB、PC、PD、DDC1、DDC2 再通过 JP14 接达林顿驱动模块 2003，当单片机输出端为高电平时，达林顿驱动模块 2003 输出端导通。达林顿驱动模块 2003 输出端 OUT0、OUT1、OUT2、OUT3 连接步进电动机。

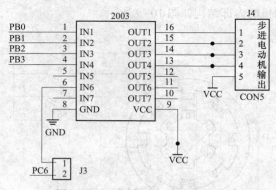

图 10-10　步进电动机驱动电路

这里为何不用单片机来直接驱动电动机，原因是单片机的驱动能力还是弱的，因此加达林顿驱动模块 2003 来提高驱动能力。结合表 10-2，可写出数组：

```
unsigned char MotorArrZZ[8]={0xf1,0xf3,0xf2,0xf6,0xf4,0xfd,0xf8,0xf9};
```

还可以写出反转所对应的数组如下：

```
unsigned char MotorArrFZ[8]={0xf9,0xf8,0xfd,0xf4,0xf6,0xf2,0xf3,0xf1};
```

下面所示的程序是驱动步进电动机正转的基本程序。

```
#include"msp430.h"
#define uchar unsigned char
#define uint  unsigned int

uchar MotorArrZZ[8]={0xf1,0xf3,0xf2,0xf6,0xf4,0xfd,0xf8,0xf9};

/****************************************************************
//函数名称:Delay()
****************************************************************/
void Delay(uint  ValuS)
{
      while(ValuS--);
}
/****************************************************************
//函数名称:DelayMS()
****************************************************************/
void DelayMS(uint  ValMS)
{
    while(ValMS--)
    {
        Delay(250);
    }
}
void MotorFmove(void)
{
    unsigned char i;
    for(i=0;i<8;i++)
    { P5OUT=MotorArrZZ[i]; }
}


void main(void)
{
    uchar i;
    WDTCTL=WDTPW+WDTHOLD;              //关闭看门狗

    P6DIR|=BIT2;P6OUT &=~BIT2;         //打开电平转换
    P2DIR|=BIT3;P2OUT &=~BIT3;         //电平转换方向 3.3V 转 5V

    BCSCTL1&=~XT2OFF;                  //启动 XT2 振荡器
    BCSCTL2|=SELM1;                    //MCLK 为 XT2
    do
```

```
    {
      IFG1&=~OFIFG;
      for(i=0xFF;i>0;i--);
    }
    while((IFG1&OFIFG)!=0);
  while(1)
  {
      MotorFmove();                    //电动机正转
  }

}
```

要使步进电动机转起来，还需对程序进行部分修改。

28BYJ-48 步进电动机的数据参数见表 10-3。

表 10-3　　　　　　　　　28BYJ-48 步进电动机的数据参数

供电电压	相数	相电阻 Ω	步进角度	减速比	启动频率 /Hz	转矩 g/cm	噪声 /dB	绝缘介电强度
5V	4	50±10%	5.625/64	1∶64	≥550	≥300	≤35	600VAC

　　表里这么多参数到底看什么呢？就看看启动频率（≥550Hz），所谓启动频率是指步进电动机在空载情况下能够启动的最高脉冲频率，如果脉冲高于这个值，电动机就不能正常启动。按 550 个脉冲来计算，就是单个节拍持续时间为：$1s \div 550 \approx 1.8ms$，为了让电动机能正常转动，给的节拍时间必须要大于 1.8ms。因此在上面程序第 8 行的后面增加一行 DelayMS（2），当然前面需要添加 DelayMS（）函数，这时电动机肯定就转起来了。

　　电动机虽然转起来了，但还要既精确又快速地控制它转，例如让其只转 30°或者所控制的东西只运动 3cm，这样不仅要精确的去控制电动机，还要关注其转动的速度。

　　由表 10-3 可知步进电动机转一圈需要 64 个脉冲，且步进角为 5.625（5.625×64＝360°刚好吻合）。问题是该电动机内部又加了减速齿轮，减速比为 1∶64，意思是要外面的转轴转一圈，则里面转子需要 64×64（4096）个脉冲。那输出轴要转一圈就需要 8192（2×4096）ms，也即 8s 多，看来转速比较慢是有原因的。接着分析，既然 4096 个脉冲转一圈，那么 1°就需要 4096÷360 个脉冲，假如现在要让其转 20 圈，可以写出以下的"驱动步进电动机正转 20 圈"的程序。

```
#include"msp430.h"
#define uchar unsigned char
#define uint  unsigned int

uchar MotorArrZZ[8]={0xf1,0xf3,0xf2,0xf6,0xf4,0xfd,0xf8,0xf9};

void DelayMS(unsigned int ms)
{
    unsigned int i,j;
    for(i=0;i<ms;i++)
     for(j=0;j<723;j++);
}
```

```
void MotorMove(void)
{
    unsigned char i;
    for(i=0;i<8;i++)
    {  P5OUT=MotorArrZZ[i];  }
}
void MotorCorotation(void)
{
    unsigned long ulBeats=0;
    unsigned char uStep=0;
    ulBeats=20 * 4096;
    while(ulBeats--)
    {
        P5OUT=MotorArrZZ[uStep];
        uStep++;
        if(8==uStep)
          {   uStep=0; }
          DelayMS(2);
    }
}


void main(void)
{
    uchar i;
    WDTCTL=WDTPW+WDTHOLD;              //关闭看门狗

    P6DIR |=BIT2;P6OUT &=~BIT2;        //打开电平转换
    P2DIR |=BIT3;P2OUT &=~BIT3;        //电平转换方向 3.3V 转 5V

    BCSCTL1 &=~XT2OFF;                 //启动 XT2 振荡器
    BCSCTL2 |=SELM1;                   //MCLK 为 XT2
    do
    {
      IFG1 &=~OFIFG;
      for(i=0xFF;i>0;i--);
    }
    while((IFG1&OFIFG)!=0);

    MotorCorotation();                 //电动机转动
    while(1)
    {
    }
}
```

讲到这里，可能有些读者会发现，电动机转的还不是那么精确，似乎在转了 20 圈之后，还多转了一些角度，这些角度是多少呢？

拆开电动机，可以看到里面的减速结构，数一数、算一算，便可以得出减速比：$(31/10) \times (26/9) \times (22/11) \times (32/9) \approx 63.68395$，即 $1 : 63.68395$。这样，转一圈就需要 $64 \times 63.68395 \approx 4076$ 个脉冲，那作者就将上面的 13 行程序改写成：ulBeats = 20×4076，接着将程序重新编译、下载，看这回是不是精确的 20 圈。或许此时还是差一度半度，但这肯定在误差范围允许范围之内。若还不能接受，那就请读者继续研究，试试列出更精确的算法来吧！

步进电动机种类繁多，读者以后设计中未必就只用这么一种，可无论读者用哪一种，分析的方法是相同的，就是依据厂家给的参数，之后一步一步地去测试，去分析，去计算。当然步进电动机可能还有很多参数，例如步距角精度、失步、失调角等，这些就只能具体项目具体对待了。

 技能训练

一、训练目标

（1）学会使用单片机实现步进电动机控制。

（2）通过单片机实现步进电动机的运动控制。

二、训练内容与步骤

1. 建立一个工程

（1）在 E：\MSP430\M430 目录下，新建一个文件夹 J02。

（2）启动 IAR 软件。

（3）选择 "Project" 菜单下的 "Create New Project" 子菜单，弹出创建新工程的对话框。

（4）在 Project templates 工程模板中选择 "C" 语言项目，展开 C，选择 "main"。

（5）单击 "OK" 按钮，弹出保存项目对话框，在另存为对话框，输入工程文件名 "J002"，单击 "保存" 按钮。

2. 编写程序文件

在 main 中输入 "步进电动机正转控制" 程序，单击工具栏的保存按钮 ，保存文件。

3. 编译程序

（1）右键单击 "J002_Debug" 项目，在弹出的菜单中单击 Option 选项，弹出选项设置对话框。

（2）在 Target 目标元件选项页，在 Device 器件配置下拉列表选项中选择 "MSP430F149"。

（3）设置完成，单击 "OK" 按钮确认。

（4）单击 "Project" 工程下的 "Make" 编译所有文件命令，或工具栏的 Make 按钮 ，编译所有项目文件。

（5）首次编译时，弹出保存工程管理空间对话框，在文件名栏输入 "J002"，单击保存按钮，保存工程管理空间。

4. 生成 TXT 文件

（1）项目编译成功后，单击工程管理空间中的工作模式切换栏的下拉箭头，选择 "Release" 软件发布选项，将软件工作模式切换到发布状态。

（2）右键单击 "J002_Debug" 项目，在弹出的菜单中选择 Option 选项，弹出选项设置对话框。

（3）选择"Linker"输出链接项目，单击"Output"输出选项页，勾选输出文件下的"Override default"覆盖默认复选框。

（4）单击"OK"按钮，完成生成 TXT 文件设置。

（5）再单击工具栏的 Make 按钮，编译所有项目文件，生成 J002.TXT 文件。

5. 下载调试程序

（1）将 MSP430F149 开发板的 USB 端口与电脑 USB 连接。

（2）启动 MSP430 BSL 下载软件。

（3）单击"Tool"工具菜单下的"Setup"设置子菜单，设置下载参数，选择 USB 下载端口，单击"OK"按钮，完成下载参数设置。

（4）单击"File"文件菜单下"Open"打开子菜单，弹出打开文件对话框，选择 J01 文件夹内的"Release"文件夹，打开文件夹，选择"J002.TXT"文件。

（5）单击"打开"按钮，打开文件。

（6）选择器件类型"MSP430F149"，单击"Auto"自动按钮，程序下载到 MSP430F149 开发板。

（7）调试。

1）将步进电动机组件连接到 J11 的 PA、PB、PC、PD。

2）观察步进电动机的运行。

3）修改 ulBeats 参数值，重新编译下载程序，观察步进电动机的运行。

习题 10

1. 设计交流异步电动机单向连续启停控制的单片机控制程序，并下载到单片机开发板，观察程序的运行。

2. 设计交流异步电动机三相降压启停控制的单片机控制程序，并下载到单片机开发板，观察程序的运行。

3. 设计步进电动机反转控制程序，并下载到单片机开发板，观察步进电动机的运行。

4. 设计步进电动机正、反转控制程序，并下载到单片机开发板，观察步进电动机的运行。

任务 19　模块化彩灯控制

基础知识

一、模块化编程

当一个项目小组做一个相对比较复杂的工程时，就需要小组成员分工合作，一起完成项目，意味着不再是某人独自单干，而是要求小组成员各自负责一部分工程。比如你可能只是负责通信或者显示这一块。这个时候，就应该将自己的这一块程序写成一个模块，单独调试，留出接口供其他模块调用。最后，小组成员都将自己负责的模块写完并调试无误后，最后由项目组长进行综合调试。像这些场合就要求程序必须模块化。模块化的好处非常多，不仅仅是便于分工，它还有助于程序的调试，有利于程序结构的划分，还能增加程序的可读性和可移植性。

1. 模块化编程的优点

（1）各模块相对独立，功能单一，结构清晰，接口简单。
（2）思路清晰、移植方便、程序简化。
（3）缩短了开发周期，控制了程序设计的复杂性。
（4）避免程序开发的重复劳动，易于维护和功能扩充。

2. 模块化编程的方法

（1）模块划分。在进行程序设计时把一个大的程序按照功能划分为若干小的程序，每个小的程序完成一个确定的功能，在这些小的程序之间建立必要的联系，互相协作完成整个程序要完成的功能。这些小的程序就称为程序的模块。

通常规定模块只有一个入口和出口，使用模块的约束条件是入口参数和出口参数。

用模块化的方法设计程序，选择不同的程序块或程序模块的不同组合就可以完成不同的系统和功能。

（2）设计思路。模块化程序设计的思路就是将一个大的程序按功能分割成一些小模块。把具有相同功能的函数放在一个文件中，形成模块化子程序。把具有相同功能的函数放在同一个文件中，这样有一个很大的优点是便于移植，可以将这个模块化的函数文件很轻松的移植到别的程序中。

通过主程序管理和调用模块化子程序，协调应用各个子程序完成系统功能。主程序用#include指令把这个文件包含到主程序文件中，那么在主程序中就可以直接调用这个文件中定义好的函数来实现特定的功能，而在主程序中不用声明和定义这些函数。这样就使主程序显得更加精炼，可读性也会增强。

（3）定义模块文件。通常将某一个功能模块的端口定义，函数声明这些内容放在一个".h"头文件中，而把具体的函数实现（执行具体操作的函数）放在一个".c"文件中。

这样在编写主程序文件的时候，可以直接使用"#include"预编译指令将".h"文件包含进主程序文件中，而在编译的时候将".c"文件和主程序文件一起编译。

这样做的优点是可以直接在".h"文件中查找到所需要的函数名称，从而在主程序里面直接调用，而不用去关心".c"文件中的具体内容。如果要将该程序移植到不同型号的单片机上，同样只需在".h"文件中修改相应的端口定义即可。

对于彩灯控制，可将其划分为2个模块，分别是延时模块Delay和驱动模块Led。

二、彩灯控制模块化编程的操作

1. 新建工程

（1）在 E：\MSP430\M430 目录下，新建一个文件夹 K01。

（2）启动 IAR 软件。

（3）单击"Project"菜单下的"Create New Project"子菜单，弹出创建新工程的对话框。

（4）再单击"Project"文件下的"Create New Project"子菜单，出现创建新工程对话框。

（5）在"Project templates"工程模板中选择"C"语言项目，展开C，选择"main"。

（6）单击"OK"按钮，弹出保存项目对话框，在另存为对话框，输入工程文件名"K001"，单击"保存"按钮，保存在 K01 文件夹。在工程项目浏览区，出现 K001_Debug 新工程。

2. 新建、保存模块化程序文件

（1）单击"File"文件菜单下的"New"新建文件命令，新建一个文件"Untitled1"。重复执行新建文件命令4次，分别新建4个文件，文件名分别为"Untitled2""Untitled3""Untitled4"。

（2）选择文件 Untitled1，单击执行"File"文件菜单下的"Save as"另存文件，弹出另存文件对话框；选择 K001 文件夹，在文件名栏输入"delay.h"，单击"保存"按钮，保存文件。

（3）依次选择"Untitled2""Untitled3""Untitled4"文件，分别另存为"led.h""delay.c""led.c"。

3. 编辑程序文件

（1）在 delay.h 中输入下列程序，单击工具栏的保存按钮，并保存文件。

```
#ifndef __DELAY_H__
#define __DELAY_H__
extern void DelayMS(unsigned int ValMS);
#endif
```

程序说明：

这里简单说一下条件编译（1、2、4行）。在一些头文件的定义中，为了防止重复定义，一般用条件编译来解决此问题。如第1行的意思是如果没有定义"__DELAY_H__"，那么就定义"#define__DELAY_H__"（第2行）。

一般情况下，定义的函数和变量是有一定的作用域的，也就是说，在一个模块中定义的变量和函数，它的作用于只限于本模块文件和调用它的程序文件范围内，而在没有调用它的模块程序里面，它的函数是不能被使用的。

在编写模块化程序的时候，经常会遇到一种情况，一个函数在不同的模块之间都会用到，最常见的就是延时函数，一般的程序中都需要调用延时函数，难道需要在每个模块中都定义相同的函数？那程序编译的时候，会提示我们有重复定义的函数。那我们只好在不同的模块中为相同功能的函数起不同的名字，这样又做了很多重复劳动，这样的重复劳动还会造成程序的可读性变得很差。

同样的情况也会出现在不同模块程序之间传递数据变量的时候。

在这样的情况下，一种解决办法是：使用文件包含命令"#include"将一个模块的文件包含到另一个模块文件中，这种方法在只包含很少的模块文件的时候是很方便的，对于比较大的、很复杂的包含很多模块文件的单片机应用程序中，在每一个模块里面都是用包含命令就很麻烦了，并且很容易出错。

出现这种情况的原因，是人们在编写单片机程序的时候，所定义的函数和变量都被默认为是局部函数和变量，那么它们的作用范围当然是在调用它们的程序之间了。如果我们将这些函数和变量定义为全局的函数和变量，那么，在整个单片机系统程序中，所有的模块之间都可以使用这些函数和变量。

将需要在不同模块之间互相调用的文件声明为外部函数、变量（或者全局函数、变量）。将函数和变量声明为全局函数和变量的方法是：在该函数和变量前面加"extern"修饰符。"extern"的英文意思就是外部的（全局），这样就可以将加了"extern"修饰符的函数和变量声明为全局函数和变量，那么在整个单片机系统程序的任何地方，都可以随意调用这些全局函数和变量。

（2）在 led. h 中输入下列程序，单击工具栏的保存按钮📁，并保存文件。

```
#ifndef__LED_H__
#define__LED_H__
#include "msp430.h"              /* 预处理命令,用于包含头文件等* /
#include "delay.h"               // 程序用到延时函数,所以包含此头文件
void LED_Init(void);             //LED 初始化程序
extern void LED_FLASH(void);     //LED 闪烁函数
#endif
```

（3）在 led. c 中输入下列程序，单击工具栏的保存按钮📁，保存文件。

```
#include "led.h"
/*************************************************************
//函数名称:LED_Init()
*************************************************************/
void LED_Init(void)
{
    P2DIR=0xFF;                  //设置 P2 为输出模式
    P2OUT=0xff;                  //设置 P2 口输出高电平
}
/*************************************************************
//函数名称:LED_FLASH()
```

```
**************************************************************/
void LED_FLASH(void)
{
  P2OUT=0x00;                      //设置 P2 输出低电平,点亮 LED
        Delay(50000);              //延时
       P2OUT=0xff;                 //设置 P2 输出高电平,熄灭 LED
     Delay(50000);                 //延时
}
```

（4）在 delay.c 中输入下列程序，单击工具栏的保存按钮■，保存文件。

```
#include "delay.h"
/**************************************************************
//函数名称:Delay()
**************************************************************/
void Delay(unsigned int Valus)
{
    while(Valus--);
}
```

（5）在 main.c 中输入下列程序，单击工具栏的保存按钮■，保存文件。

```
#include"msp430.h"
#include"delay.c"
#include"led.c"

int main( void )
{
    WDTCTL=WDTPW+WDTHOLD;
    LED_Init();                   //LED 初始化
    while(1)                      // while 循环
    {
    LED_FLASH();                  //调用 LED_FLASH 函数
    }

}
```

4. 编译工程

（1）右键单击"K001_Debug"项目，在弹出的菜单中选择 Option 选项，弹出选项设置对话框。

（2）在 Target 目标元件选项页，在 Device 器件配置下拉列表选项中选择"MSP430F149"。

（3）设置完成，单击"OK"按钮确认。

（4）单击"Project"工程下的"Make"编译所有文件，或工具栏的 Make 按钮，编译所有项目文件。

（5）首次编译时，弹出保存工程管理空间对话框，在文件名栏输入"K001"，单击保存按钮，保存工程管理空间。

（6）编译完成的模块化程序结构如图11-1所示。

图11-1　模块化程序结构

5. 单片机模块化编程建议

模块化编程是难点、重点，应该具有清晰的思路、严谨的结构，便于程序移植。

（1）模块化编程说明。

1）模块即是一个.c和一个.h的结合，头文件（.h）是对该模块的声明。

2）某模块提供给其他模块调用的外部函数以及数据需在所对应的.h文件中冠以extern关键字来声明。

3）模块内的函数和变量需在.c文件开头处冠以static关键字声明。

4）永远不要在.h文件中定义变量。

先解释以上说明中的两个关键词语：定义和声明。学过C语言的人都应该对这两个词理解的很透彻。但仍有好多人搞不清楚，凭着感觉写，高兴了就用定义，不高兴了就用声明，这当然是不对的。

所谓的定义就是（编译器）创建一个对象，为这个对象分配一块内存并给它取上一个名字，这个名字就是通常所说的变量名或者对象名。但注意，这个名字一旦和这块内存匹配起来，它们就"同生共死，终生不离不弃"。并且这块内存的位置也不能被改变。一个变量或对象在一定的区域内（比如函数内，全局等）只能被定义一次，如果定义多次，编译器会提示你重复定义同一个变量或对象。

声明具有两重含义：第一重含义告诉编译器，这个名字已经匹配到一块内存上了，下面的代码用到变量或对象是在别的地方定义的。声明可以出现多次。第二重含义告诉编译器，这个名字我先预定了，别的地方再也不能用它来作为变量名或对象名。就像你在图书馆的某个座位上放了一本书，表明这个座位已经有人预订，别人再也不允许使用这个座位，虽然这时候你本人并没有坐在这个座位上。这种声明最典型的例子就是函数参数的声明，例如：void fun（int i，char c）。

记住，定义声明最重要的区别：定义创建了对象并为这个对象分配了内存，声明没有分配内存。

（2）模块化编程实质。模块化的实现方法和实质就是将一个功能模块的代码单独编写成一个.c文件，然后把该模块的接口函数放在.h文件中。

（3）源文件中的 .c 文件。提到 C 语言源文件 .c 文件，大家都不会陌生，因为平常写的程序代码几乎都在这个 .c 文件里面。编译器也是以此文件来进行编译并生成相应的目标文件。作为模块化编程的组成基础，所有要实现功能源代码均在这个文件里。理想的模块化应该可以看成是一个黑盒子，即只关心模块提供的功能，而不予理睬模块内部的实现细节。好比人们买了一部手机，只需会用手机提供的功能即可，而不需要知晓它是如何进行通信，如何把短信发出去的，又是如何响应按键输入的，这些过程对用户而言，就是一个黑盒子。

在大规模程序开发中，一个程序由很多个模块组成，很可能这些模块的编写任务被分配到不同的人。例如当读者在编写模块时很可能需要用到别人所编写模块的接口，这个时候读者关心的是它的模块实现了什么样的接口，该如何去调用，至于模块内部是如何组织、实现的，读者无需过多关注。特此说明，为了追求接口的单一性，把不需要的细节尽可能对外屏蔽起来，只留需要的让别人知道。

（4）头文件 .h。谈及到模块化编程，必然会涉及到多文件编译，也就是工程编译。在这样的一个系统中，往往会有多个 C 文件，而且每个 C 文件的作用不尽相同。在我们的 C 文件中，由于需要对外提供接口，因此必须有一些函数或变量需提供给外部其他文件进行调用。

例如上面新建的 delay.c 文件，提供最基本的延时功能函数。

```
void Delay(unsigned int Valus);        // 延时 Valus(1···65535)μs
```

而在另外一个文件中需要调用此函数，那该如何做呢？头文件的作用正是在此。可以称其为一份接口描述文件。其文件内部不应该包含任何实质性的函数代码。读者可以把这个头文件理解成为一份说明书，说明的内容就是模块对外提供的接口函数或者是接口变量。同时该文件也可以包含一些宏定义以及结构体的信息，离开了这些信息，很可能就无法正常使用接口函数或者是接口变量。但是总的原则是：不该让外界知道的信息就不应该出现在头文件里，而外界调用模块内接口函数或者是接口变量所必需的信息就一定要出现在头文件里，否则外界就无法正确调用。因而为了让外部函数或者文件调用所提供的接口功能，就必须包含所提供的这个接口描述文件——头文件。同时，自身模块也需要包含这份模块头文件（因为其包含了模块源文件中所需要的宏定义或者是结构体），好比三方协议，除了给学校、公司有之外，自己总需留一份吧。下面就来定义这个头文件，一般来说，头文件的名字应该与源文件的名字保持一致，这样便可清晰的知道哪个头文件是哪个源文件的描述。

于是便得到了 delay.c 如下的 delay.h 头文件，具体代码如下。

```
#ifndef   __DELAY_H__
#define   __DELAY_H__
extern void Delayus(unsigned int Valus);
#endif
```

1）.c 源文件中不想被别的模块调用的函数、变量就不要出现在 .h 文件中。例如本地函数 static void Delay1MS（void），即使出现在 .h 文件中也是在做无用功，因为其他模块根本不去调用它，实际上也调用不了它（static 关键字起了限制作用）。

2）.c 源文件中需要被别的模块调用的函数、变量就声明现在 .h 文件中。例如 void DelayMS（uInt16 ValMS）函数，这与以前我们写的源文件中的函数声明有些类似，为何没说一样了，因为前面加了修饰词 extern，表明是一个外部函数。

3）1、2、5 行是条件编译和宏定义，目的是为了防止重复定义。假如有两个不同的源文件需要调用 void DelayMS（uInt16 ValMS）这个函数，它们分别都通过#include "delay.h" 把这个头文件包含进去。在第一个源文件进行编译时候，由于没有定义过__DELAY_H__，因此#ifndef__DELAY_H__条件成立，于是定义__DELAY_H__并将下面的声明包含进去。在第二个文件编译时候，由于第一个文件包含的时候，已经将__DELAY_H__定义过了。因而此时#ifndef__DELAY_H__不成立，整个头文件内容就不再被包含。假设没有这样的条件编译语句，那么两个文件都包含了extern void DelayMS（uInt16 ValMS），就会引起重复包含的错误。

特别说明，可能新手们看到 DELAY 前后的这些"__"、"_"时，又会模糊一阵，它们看着吓人，其实非常简单。举几个例子：DELAY_H__、DELAY_H、DELAYH、____DELAY_H、__Delay_H，经调试，这些写法都是对的，所以，请读者自便，（__DELAY_H__）写是出于编程的习惯。

（5）位置决定思路——变量。变量不能定义在.h中，是不是有点危言耸听的感觉，都不敢用全局变量，其实也没这么严重。对于新手来说，或许是一个难点，再难也有解决的办法啊，世上无难事，只怕有心人嘛。解决这个问题的良方当然可以借鉴嵌入式操作系统——uCOS-II，该操作系统处理全局变量的方法比较特殊，也比较难理解，但学会之后妙用无穷。感兴趣的读者可以研究一下，这里就不多讲了。

依个人的编程习惯，介绍一种处理方式。概括的讲，就是在.c中定义变量，之后在该.c源文件所对应的.h中声明即可。注意，一定要在变量声明前加上修饰词—extern，这样无论"他"走到哪里，别人都可以指示"他"干活，想怎么修改就怎么修改，但读者用"他"时，可别过分，"他"也是人，累了会生病。同理，滥用全局变量会使程序的可移植性、可读性变差。接下来用两段代码来比较说明全局变量的定义和声明。

1）电脑爆炸式的代码。

```
module1.h                    //编写一个.h
uChar8  uaVal=0;             //在模块1的.h文件中定义一个变量uaVal
/* ============================================================ */
module1.c                    //编写一个.c
#include"module1.h"          //.c模块1中包含模块1的.h
/* ============================================================ */
module2.c
#include"module1.h"          //.c模块2中包含模块1的.h
```

以上程序的结果是在模块1、2中都定义了无符号 char 型变量 uaVal，uaVal 在不同的模块中对应不同的内存地址。如果都这么写程序，那电脑就爆炸了，当然是夸张的说法。

2）推荐式的代码。

```
module 1.h                   //编写一个.h
extern uChar8  uaVal;        //在.h中声明uaVal
/* ============================================================ */
module1.c
#include"module1.h"          //.c模块1中包含模块1的.h
uChar8  uaVal=0;             // 在模块1的.h文件中定义一个变量uaVal
/* ============================================================ */
module2.c
#include"module1.h"          //在模块2的.h文件中定义一个变量uaVal
```

这样如果模块1、2操作 uaVal 的话，对应的是同一块内存单元。

(6) 符号决定出路——头文件之包含。以上模块化编程中，要大量的包含头文件。学过 C 语言的都知道，包含头文件的方式有两种，一种是"<xx. h>"，第二种是""xx. h""，那何时用第一种，又何时用第二种，可能读者会从相对路径、绝对路径、系统的用什么、工程中的用什么来考虑，当然如果你知道，记不下，可以采用下述方式，即：自己写的用双引号，不是自己写的用尖括号。

(7) 模块的分类。一个嵌入式系统通常包括两类模块。硬件驱动模块，一种特定硬件对应一个模块；软件功能模块，其模块的划分应满足低耦合、高内聚的要求。

低耦合、高内聚这是软件工程中的概念，其所涉及的内容比较多，若读者感兴趣，可以自行查阅资料，慢慢理解、总结、归纳其中的奥秘。

1) 内聚和耦合。内聚是从功能角度来度量模块内的联系，它描述的是模块内的功能联系。

耦合是软件结构中各模块之间相互连接的一种度量，耦合强弱取决于模块间接口的复杂程度、进入或访问一个模块的点以及通过接口的数据。

理解了以上两个词的含义之后，"低耦合、高内聚"就好理解了。通俗点讲，模块与模块之间少来往，模块内部多来往。当然对应到程序中，就不是这么简单，这需要大量的编程和练习才能掌握其真正的内涵，感兴趣的读者可慢慢研究。

2) 硬件驱动模块和软件功能模块的区别。所谓硬件驱动模块是指所写的驱动（也就是 .c 文件）对应一个硬件模块。例如 led. c 是用来驱动 LED 灯的，smg. c 是用来驱动数码管的，lcd. c 是用来驱动 LCD 液晶的，key. c 是用来检测按键的等，将这样的模块统称为硬件驱动模块。

所谓的软件功能模块是指所编写的模块只是某个功能的实现，而没有所对应的硬件模块。例如 delay. c 是用来延时的，main. c 是用来调用各个子函数的。这些模块都没有对应的硬件模块，只是起某个功能而已。

 技能训练

一、训练目标

(1) 学会模块化工程管理。
(2) 通过模块化编程实现 LED 彩灯控制。

二、训练内容与步骤

1. 新建工程
(1) 在 E：\MSP430\M430 目录下，新建一个文件夹 K01。
(2) 启动 IAR 软件。
(3) 单击"Project"菜单下的"Create New Project"子菜单，弹出创建新工程的对话框。
(4) 再单击"Project"文件下的"Create New Project"子菜单，出现创建新工程对话框。
(5) 在"Project templates"工程模板中选择"C"语言项目，展开 C，选择"main"。
(6) 单击"OK"按钮，弹出保存项目对话框，在另存为对话框，输入工程文件名"K001"，单击"保存"按钮，保存在 K01 文件夹。在工程项目浏览区，出现 K001_ Debug 新工程。

2. 新建、保存模块化程序文件
(1) 单击"File"文件菜单下的"New"新建文件命令，新建一个文件"Untitled1"。重复执行新建文件命令4次，分别新建4个文件，文件名分别为"Untitled2""Untitled3""Untitled4"。

（2）选择文件"Untitled1"，单击"File"文件菜单下的"Save as"另存文件命令，弹出另存文件对话框，选择 K001 文件夹，在文件名栏输入"delay. h"，单击"保存"按钮，保存文件。

（3）依次选择"Untitled2""Untitled3""Untitled4"文件，分别另存为"led. h""delay. c""led. c"。

3. 编辑程序文件

（1）编辑文件 delay. h。

（2）编辑 led. h 文件。

（3）编辑 delay. c 文件。

（4）编辑 led. c 文件。

（5）编辑 main. c 文件。

（6）保存所有文件。

4. 编译工程

（1）右键单击"K001_Debug"项目，在弹出的菜单中选择 Option 选项，弹出选项设置对话框。

（2）在 Target 目标元件选项页，在 Device 器件配置下拉列表选项中选择"MSP430F149"。

（3）设置完成，单击"OK"按钮确认。

（4）单击执行"Project"工程下的"Make"编译所有文件，或工具栏的 Make 按钮 ，编译所有项目文件。

（5）首次编译时，弹出保存工程管理空间对话框，在文件名栏输入"K001"，单击保存按钮，保存工程管理空间。

5. 生成 TXT 文件

（1）项目编译成功后，单击工程管理空间中的工作模式切换栏的下拉箭头，选择"Release"软件发布选项，将软件工作模式切换到发布状态。

（2）右键单击"K001_Debug"项目，在弹出的菜单中选择"Option"选项，弹出选项设置对话框。

（3）选择"Linker"输出链接项目，单击"Output"输出选项页，勾选输出文件下的"Override default"覆盖默认复选框。

（4）单击"OK"按钮，完成生成 TXT 文件设置。

（5）再单击工具栏的 Make 按钮 ，编译所有项目文件，生成 K001. TXT 文件。

6. 下载调试程序

（1）将 MSP430F149 开发板的 USB 端口与电脑 USB 连接。

（2）启动 MSP430 BSL 下载软件。

（3）单击"Tool"工具菜单下的"Setup"设置子菜单命令，设置下载参数，选择 USB 下载端口，单击"OK"按钮，完成下载参数设置。

（4）单击"File"文件菜单下的"Open"打开子菜单命令，弹出打开文件对话框，选择 K01 文件夹内"Release"文件夹，打开文件夹，选择"K001. TXT"文件。

（5）单击"打开"按钮，打开文件。

（6）选择器件类型"MSP430F149"，单击"Auto"自动按钮，程序下载到 MSP430F149 开发板。

（7）调试。

1）观察单片机输出端连接的 LED 灯的状态变化。

2）更改延时参数，重新编译下载程序，观察单片机输出端连接的 LED 灯的状态变化。

习题 11

1. 重新按模块化编程，设计 LED 流水灯控制程序。

2. 在可调时钟控制中，将程序细分为延时模块、按键模块、数码管显示模块、主模块，重新设计、调试程序。